Leitfaden
der Hüttenkunde
für Maschinentechniker

von

Dipl.-Ing. **K. Sauer**

Mit 81 Textfiguren

Springer-Verlag Berlin Heidelberg GmbH

1920

ISBN 978-3-662-23361-0   ISBN 978-3-662-25408-0 (eBook)
DOI 10.1007/978-3-662-25408-0

Vorwort.

Das vorliegende Lehrbuch ist für mittlere technische Lehranstalten bestimmt; es hat die Aufgabe, den jungen Techniker mit den Grundlagen der Hüttenkunde bekannt zu machen.

Das Lehrbuch behandelt die Heizstoffe und die hüttenmännische Darstellung der für den Maschinentechniker wichtigsten Metalle, insbesondere des Eisens. Auch die wichtigsten zur Metallgewinnung erforderlichen Öfen, Apparate und maschinellen Einrichtungen sind kurz beschrieben und durch Figuren erläutert.

Der umfangreiche Stoff wird bei den wenigen zur Verfügung stehenden Unterrichtsstunden nicht immer vollkommen durchgearbeitet werden können. Alsdann ist vom Lehrer eine entsprechende Auswahl der wichtigsten zu behandelnden Abschnitte zu treffen. Das Lehrbuch bringt absichtlich mehr, als im Unterricht eben zu bewältigen ist, damit es dem Schüler auch für seine spätere Tätigkeit in der Praxis von Nutzen sein kann.

Der Lehrstoff ist so aufgebaut, daß der Schüler die Entstehung der wichtigsten technischen Baustoffe kennen lernt. Aber gleichzeitig soll auch sein Urteil für das Erkennen ihrer unvermeidlichen Eigenschaften geschärft werden, die ihren Ursprung in den Herstellungsmethoden haben.

Stettin, im Dezember 1919.

Der Verfasser.

Inhaltsverzeichnis.

Einleitung.

Die Hüttenkunde ist die Lehre von der Darstellung der Metalle in großem Maßstabe aus ihren natürlichen Verbindungen, den Erzen. Die Hüttenkunde ist ein Teil der Technologie (Gewerbskunde), welche die Mittel und Verfahrensarten behandelt, die zur Umwandlung der natürlichen Rohstoffe unter Substanz- oder Formänderung in nützliche Gebrauchsgegenstände dienen. Da diese Umwandlung entweder auf chemischen oder mechanischen Wege erfolgen kann, teilt man das große Gebiet der Technologie in die chemische und mechanische Technologie ein. In das Gebiet der chemischen Technologie gehört z. B. die Gewinnung von Leuchtgas und Teer aus Kohle, während zur mechanischen Technologie die Bearbeitung der Metalle und des Holzes auf Grund ihrer Arbeitseigenschaften (Gießfähigkeit, Dehnbarkeit, Schmiedbarkeit, Teilbarkeit) gehört.

Die spezielle Hüttenkunde, welche die Gewinnung jedes einzelnen Metalles behandelt, trennt man wieder in die Eisenhüttenkunde, welche die Gewinnung des Eisens und dessen Verarbeitung zu Gegenständen des Handels lehrt, und in die Metallhüttenkunde, welche die Gewinnung der Metalle mit Ausnahme des Eisens lehrt.

Die eigentlichen Hüttenprozesse, vermittelst welcher man die Metalle aus den Erzen ausbringt, werden in Prozesse auf trockenem, nassem und elektrometallurgischem Wege eingeteilt. Am wichtigsten sind die trockenen Prozesse, weil sie am häufigsten angewendet werden. Jünger sind die nassen Verfahren, die vor den trockenen oft den Vorzug der Billigkeit besitzen, aber nicht immer anwendbar sind, da sie meist reine Erze von bestimmter Zusammensetzung verlangen. Die elektrolytischen Prozesse finden für die Metallraffination ausgedehnte Anwendung, werden aber in neuerer Zeit auch zur direkten Darstellung von Leichtmetallen (Aluminium, Natrium) verwendet.

Erster Teil

Einführung in die Hüttenkunde.

Die Heizstoffe, Feuerungen und feuerfesten Baustoffe.

Für die Hüttenprozesse auf trockenem Wege (Röst-, Schmelz- und Destillationsprozesse) sind hohe Temperaturen erforderlich, welche durch Verbrennen von Heizstoffen erzeugt werden müssen. Man unterscheidet vegetabilische Brennstoffe (Holz) und fossile Brennstoffe (Torf, Braunkohle, Steinkohle, Anthrazit). Nach dem Aggregatszustande lassen sich die Brennstoffe in folgender Weise gliedern:

Brennstoffe	natürliche	künstliche
feste	Holz Torf Braunkohle Steinkohle Anthrazit	Holzkohle Grudekoks Koks, Briketts
flüssige	Erdöl	Teer, Teeröle
gasförmige	Naturgas	Generator- oder Luftgas Hochofen- oder Gichtgas Wassergas, Mischgas (Kraftgas) Leuchtgas, Koksofengas Sauggas, Mondgas, Azetylen

Alle natürlichen Brennstoffe stammen von Pflanzen, deren eigentliche Holzsubstanz aus Zellulose ($C_6H_{10}O_5$) besteht. Die Bestandteile der Heizstoffe sind daher vorwiegend Kohlenstoff, Wasserstoff und Sauerstoff. Außer diesen Bestandteilen enthalten die festen Brennstoffe noch wechselnde Mengen von mineralischen Bestandteilen (Asche), sowie Wasser, Stickstoff und Schwefel.

Der wertvollste Bestandteil des Brennmaterials ist der Kohlenstoff, weil von diesem die Höhe des Heizwertes abhängt. Unter dem Heizwert eines Brennmaterials versteht man diejenige Anzahl von Wärmeeinheiten oder Kalorien, die bei vollkommener Verbrennung der Einheit entwickelt wird. Als Einheit wird bei festen und flüssigen Brennstoffen 1 kg, bei gasförmigen 1 cbm angesehen.

Der Kohlenstoff der Brennstoffe kann sowohl zu Kohlensäure als auch zu Kohlenoxyd verbrennen. Im ersteren Falle nennt man die Verbrennung vollkommen, im letzteren Falle unvollkommen.

$$C + 2\,O = CO_2$$
$$C + O = CO.$$

Bei der Verbrennung von 1 kg Kohlenstoff zu Kohlensäure entstehen 8080 Kal., bei der Verbrennung zu Kohlenoxyd aber nur 2470 Kal. Hieraus folgt, daß bei der vollkommenen Verbrennung mehr Wärme erzeugt wird als bei der unvollkommenen. Kohlenoxyd ist ein brennbares Gas, das sich leicht und mit geringem Luftüberschuß zu Kohlensäure verbrennen läßt nach der Formel

$$CO + O = CO_2.$$

Der Gesamtwärmeeffekt, der bei der Verbrennung von Kohlenstoff zu Kohlensäure entsteht, ist immer derselbe, gleichgültig, ob die Verbrennung in ein oder zwei Stufen erfolgt.

Die Verbrennung des Kohlenstoffs zu Kohlensäure erfolgt am leichtesten bei gasförmigen Brennstoffen, weil sich dieselben mit der zur Verbrennung erforderlichen Luftmenge innig mischen lassen. Bei festen Brennstoffen ist für die Verbrennung zu Kohlensäure oder Kohlenoxyd das Verhältnis der miteinander in Berührung kommenden Mengen von Luft und Kohlenstoff maßgebend. Kommen auf 1 Atom Kohlenstoff 2 Atome Sauerstoff, so entsteht Kohlensäure, findet aber 1 Atom Kohlenstoff nur 1 Atom Sauerstoff zur Oxydation vor, so entsteht Kohlenoxyd. Bei Verwendung der gleichen Luftmenge werden daher feinkörnige Brennstoffe, welche der Luft eine große Oberfläche darbieten, vorwiegend zu Kohlenoxyd verbrennen, großstückige Brennstoffe dagegen wegen der der Luft dargebotenen geringen Oberfläche zu Kohlensäure. Ist die Brennstoffschicht hoch, so wird die etwa gebildete Kohlensäure beim Hindurchstreichen wieder zu Kohlenoxyd reduziert werden. $CO_2 + C = 2\,CO$.

Die vollkommene und unvollkommene Verbrennung dürfen nicht mit der vollständigen und unvollständigen Verbrennung verwechselt werden. Die Verbrennung ist eine vollständige, wenn die Verbrennungsprodukte keine brennbaren Bestandteile mehr enthalten, unvollständig, wenn der Brennstoff nicht vollständig verbrannt wird.

Die vollständige Verbrennung wird begünstigt durch eine innige Mischung der Brennstoffe mit Sauerstoff, bzw. Luft und durch eine hohe Temperatur. Am leichtesten lassen sich gasförmige Brennstoffe mit Luft mischen. Bei festen Brennstoffen ist dagegen eine innige Mischung mit Luft nicht möglich. Zur Verbrennung der festen Brennstoffe ist daher ein Luftüberschuß unbedingt erforderlich.

I. Die natürlichen Brennstoffe.

a) Feste Brennstoffe.

Holz, das in der Hauptsache aus Zellstoff, Saft und Aschenbestandteilen besteht, hat einen Heizwert von etwa 3—4000 W.-E. Derselbe hängt ausschließlich vom Wassergehalt ab, der zwischen 20 und $60^0/_0$ schwankt. Man unterscheidet harte Hölzer (Eiche, Buche, Esche, Ulme, Ahorn) und weiche Hölzer (Fichte, Tanne, Kiefer, Lärche, Linde).

Der Aschengehalt des Holzes beträgt $0{,}4^0/_0$, ist also sehr gering. Vermodert Zellstoff unter Wasser, so tritt eine Abspaltung von Wasser (H_2O), Kohlensäure (CO_2) und Methan (CH_4) ein. Der Stoff wird ärmer an Sauerstoff und Wasserstoff, aber reicher an Kohlenstoff. So sind die übrigen natürlichen Brennstoffe entstanden.

Torf besteht aus halbverwesten Moosen und anderen Sumpfgewächsen. Sind die Pflanzenreste noch deutlich zu erkennen, so hat er eine braune Farbe und heißt Faser- oder Moostorf. Sind die Pflanzen aber schon in Moor oder Schlamm übergegangen, so ist er schwarz und heißt Specktorf. Ersterer wird mit dem Spaten gestochen (Stichtorf) oder behufs Verdichtung mittelst Maschinen in Formen gepreßt (Preßtorf), letzterer wird als Brei geschöpft und dann zu Ziegeln geformt (Bagger- und Streichtorf).

Lufttrockener Torf enthält etwa $15-20^0/_0$ Wasser, $2-20^0/_0$ Asche, und hat einen Heizwert von etwa 3500 W.-E.

Deutschland besitzt abbauwürdige Torflager in großer Ausdehnung in Hannover, Oberbayern, im Harz und in der Eifel.

Braunkohle steht hinsichtlich des Grades der Vermoderung zwischen Torf und Steinkohle. Man unterscheidet: 1. die dichte, erdige Braunkohle, 2. die faserige Braunkohle oder Lignit, mit deutlicher Holzstruktur, 3. die schwarze, der Steinkohle nahestehende Pechbraunkohle und 4. die Schwelkohle, die der trockenen

Destillation unterworfen, Paraffin, Solaröl, Karbolsäure und Grude-koks liefert.

Braunkohlen sind in Deutschland und Österreich weit verbreitet. Die größten Lager befinden sich in Sachsen (Bitterfeld), in der Lausitz (Senftenberg), in Böhmen und südlich vom Erzgebirge. Die Braunkohlen werden größtenteils im Tagebau gewonnen, wobei sie, im Gegensatz zur Steinkohle, in großem Umfange maschinell abgebaut werden können.

Braunkohle verbrennt mit langer qualmender Flamme; sie hat einen Aschengehalt von 10—30% und im lufttrockenen Zustande einen Wassergehalt von 10—30%. Der Heizwert der Braunkohle beträgt nur 3500—4500 W.-E., weshalb sie weitere Transporte nicht verträgt.

Die meisten Braunkohlen enthalten auch Schwefelkies mit 2—3% Schwefel. Wegen des hohen Grußgehaltes wird Braunkohle vorwiegend auf Treppenrosten verbrannt. Zuweilen ist aber die Vergasung im Generator der direkten Verbrennung vorzuziehen.

Um Briketts zu erhalten, wird die Braunkohle zunächst auf Darren getrocknet und dann unter einem Druck von mindestens 1000 at heiß in Formen gepreßt. Dabei dienen als Bindemittel die in der Kohle vorhandenen harzigen oder bituminösen Stoffe. Die Braunkohlenbriketts haben infolge des geringen Wassergehaltes und der Strukturveränderung durch den Druck der Pressen einen viel höheren Heizwert (5000 W.-E.) als die Rohkohle und besitzen außerdem den Vorteil großer Handlichkeit, so daß sie in weit höherem Maße wettbewerbsfähig sind als die rohen Braunkohlen.

Die Steinkohle, welche mit dem Anthrazit die Reihe der fossilen Umwandlungsprodukte der Pflanzenfaser abschließt, ist der weitaus wichtigste Brennstoff für die Industrie.

Die Steinkohlen werden nach ihrem Verhalten beim Erhitzen, bzw. Verbrennen eingeteilt.

Bei der Erhitzung von gepulverten Kohlen unter Luftabschluß, z. B. in der Retorte, bleibt die gasarme Kohle fast unverändert, sie behält ihr sandartiges Aussehen; aus gasreicher Kohle wird das Gas ausgetrieben, und die Kohle sintert zu größeren Stücken zusammen. Ist der Gasgehalt der Kohle noch höher, so schmilzt die Kohle und die entweichenden Gase blähen die Masse auf. Die Kokse bilden eine geschmolzene Masse von metallglänzendem Aussehen. Kohlen mit noch höherem Gasgehalt verhalten sich ähnlich wie die gasarmen, d. h. sie sintern oder zerfallen nach erfolgter Entgasung in ein Pulver.

Demnach unterscheidet man:

1. Sandkohlen, auch Magerkohlen genannt.
2. Sinterkohlen.
3. Backkohlen, auch Fettkohlen genannt.

Die Verkoksungsprobe ist jedoch kein charakteristisches Merkmal, da das sandartige Aussehen des Kokses sowohl auf einen zu hohen, als auch auf einen zu niedrigen Gasgehalt zurückgeführt werden kann. Deshalb fügt man als Unterscheidungsmerkmal noch die Flammenerscheinung der Kohle hinzu. Das aus der Kohle entweichende Gas verbrennt mit heller Flamme, und je gasreicher die Kohle ist, desto länger ist ihre Flamme. Die gasarme Kohle verbrennt dagegen nur mit ganz kurzer Flamme. Durch Vereinigung beider Unterscheidungsmerkmale ergibt sich demnach folgende Einteilung:

a) Langflammige Sand- und Sinterkohle.
b) Langflammige Backkohle.
c) Gewöhnliche Backkohle.
d) Kurzflammige Backkohle.
e) Kurzflammige anthrazitische Kohle.
f) Anthrazit.

Die technische Verwendung der einzelnen Kohlensorten richtet sich nach ihrem Verhalten bei der Erhitzung oder Verbrennung.

Als Brennstoff für schachtförmige Öfen, in denen die Kohle oben aufgegeben wird, kann nur eine gasarme, nicht backende Kohle verwendet werden, weil sonst die Kohle zusammenbacken und den Ofen verstopfen würde. Hierfür eignen sich nur Magerkohlen, Anthrazite und die durch die trockene Destillation von ihren Gasen befreiten Kohlen, die Kokse. Wird dagegen der Brennstoff auf dem Roste in dünner Schicht verbrannt, so ist die Eigenschaft des Backens weniger störend, und es wird mehr Wert auf die Entwicklung einer langen Flamme gelegt. Für diesen Fall wird man daher die verschiedenen Arten der Backkohlen bevorzugen. Zur Erzeugung von Koks ist dagegen eine Kohle von mittlerem Gasgehalt und von großer Backfähigkeit am besten geeignet.

Die technischen Verwendungsgebiete für die verschiedenen Kohlensorten sind daher folgende:

a) Die langflammigen Sinterkohlen, auch Gasflamm- und Flammkohlen genannt, verbrennen mit langer, stark rußender Flamme und eignen sich hauptsächlich zur Verbrennung in Flammöfen.

b) Die langflammigen Backkohlen dienen ihres hohen Gasgehaltes wegen vornehmlich zur Leuchtgasgewinnung und heißen auch Gaskohlen.

c) Die gewöhnlichen Backkohlen, auch Eßkohlen genannt, sind zu den mannigfachsten Zwecken verwendbar; unter anderem geben sie eine vorzügliche Schmiedekohle ab.

d) Die kurzflammige Backkohle ist die eigentliche Kokskohle, da sie infolge ihrer großen Backfähigkeit den schönsten und festesten Koks liefert.

e) Die kurzflammigen anthrazitischen Kohlen, auch Magerkohlen genannt, haben eine hohe Heizkraft bei geringer Rauchentwicklung und werden deshalb mit Vorliebe zur Kesselheizung verwendet.

f) Die Anthrazite sind ihres geringen Gasgehaltes wegen schwer entzündlich und backen nicht; sie verbrennen mit kleiner blauer Flamme, ohne Ruß und sind daher mit Vorteil für Schachtöfen und für Hausbrand geeignet.

Die Kohle gibt ständig Gas ab, und zwar wächst der Gasverlust mit dem Verhältnis von Oberfläche und Volumen. Die kleinsten Stücke sind deshalb am wenigsten wert. Man unterscheidet Stückkohlen von einer Durchschnittsgröße über 80 mm, Nußkohlen I—IV von 80—10 mm und Feinkohlen unter 10 mm.

Durchschnittliche chemische Zusammensetzung der festen rohen Brennstoffe nach Ledebur.

	chemische Zusammensetzung			Koksausbeute	Wärmeleistung	Verwendungszweck	Verbrennungserscheinung
	Kohlenstoff %	Wasserstoff %	Sauerstoff %	%	Kal.		
Holz	50,5	6,2	43,3	15	3800	dient zum Anzünden von Kohlen	Leicht entzündlich
Torf	60,0	6,0	34,0	25	5300	Hausbrand	Mit langer, rußender Flamme
Jüngere Braunkohle, Lignit	61,5	5,5	33,0	40	5500	Hausbrand und Kesselkohle	Mit langer, qualmender Flamme
Ältere Braunkohle	69,5	5,6	25,0	45	7500		

| | Chemische Zusammensetzung | | | Koksausbeute | Wärme-leistung | Verwendungs-zweck | Verbrennungs-erscheinung |
	Kohlen-stoff %	Wasser-stoff %	Sauer-stoff %	%	Kal.		
Steinkohlen a) Lang-flammige, nicht backen-de Kohle (Sand- oder Flammkohle)	77,5	5,5	17,0	55	8200	Flammofen. Generatorgas-feuerung	Leichtes Verbrennen mit starker Rauch-entwickelung
b) Lang-flammige Backkohle (Gaskohle)	82,0	5,5	12,5	65	8600	Beste Leucht-gaskohle	Entzündet sich schnell und brennt mit langer Flamme unter Rauchent-wickelung
c) Gewöhn-liche Back-kohle (Schmiede-kohle)	86,5	5,0	8,5	70	9000	Schmiedekohle	Brennt mit kurzer Flamme und gibt wenig Ruß
d) Kurz-flammige Backkohlen (Eß- oder Kokskohlen)	89,5	4,5	6,0	78	9400	Beste Koks-kohle, auch Kesselkohle	Schwer entzünd-bar, verbrennt mit kurzer, wenig rauchender Flamme
e) Anthra-zitische Kohlen Magerkohlen	92,0	3,0	5,0	85	9200	Schachtofen- und Kesselkohle	Schwer entzünd-bar, verbrennt mit kurzer Flamme, zer-springt im Feuer
Anthrazite	94,0	2,0	4,0	92	9200	Hausbrand-kohle	

Die beim Abbau massenhaft abfallende Feinkohle läßt sich vorteilhaft nur mittelst Staubfeuerungsvorrichtungen verbrennen. Da jedoch nur ein kleiner Teil der Gesamtproduktion direkt ver-feuert wird, verwertet man die gasärmeren Staubkohlen vorwiegend in der Weise, daß man sie auf maschinellem Wege zu Briketts formt, während die fetten Sorten hauptsächlich in der Kokerei Verwendung finden. Behufs Herstellung von Briketts mischt man das pulverige Material zunächst mit Schwarzpech und bringt dann die in der Wärme plastisch werdende Masse unter sehr starkem Druck in Ziegelform.

Der Abbau der Steinkohle erfolgt ausschließlich auf bergmännischem Wege. Mit dem Abbau ist immer die Aufbereitung zum Zweck der Entfernung des anhängenden Gesteins (Schwefelkies, Schieferton) und der Sortierung nach der Korngröße (Klassierung) verbunden. Eine vorläufige Scheidung von Hand findet gewöhnlich schon in der Grube statt, um die Förderkosten für das Gestein zu sparen. Eine zweite, sorgfältigere Aufbereitung des geförderten Materiales wird sodann über Tag, und zwar entweder auf trockenem oder nassem Wege vorgenommen. Bei der trockenen Aufbereitung erfolgt die Separation mit Hilfe eines freihängenden Schüttelsiebes (Rätter), während man bei der nassen Aufbereitung sich der Setzmaschine bedient. In dieser werden die Kohlen auf einem schwach geneigten Plansiebe ausgebreitet, während von unten her ein Wasserstrom durch die Maschen des Siebes tritt und die gleichartigen Stücke bis zu einer bestimmten Höhe emporhebt, von der sie seitlich abgenommen werden.

Die Steinkohle des Handels enthält etwa 2—4% Wasser, 2—10% Asche und besitzt einen mehr oder weniger großen Gehalt an Schwefelkies (FeS_2). Dieser liefert beim Verbrennen der Kohle Schwefligsäure (SO_2), ein Gas, das die Feuerungsanlagen und Dampfkessel stark angreift.

Der Kohlenreichtum eines Landes ist für die Entwickelung seiner Eisenindustrie von ausschlaggebender Bedeutung. Schweden und Spanien, welche reiche Erzlager, aber nur geringe Kohlenlager haben, führen ihre Erze nach Deutschland, England und Belgien aus, wo reiche Kohlenlager vorhanden sind. Die bedeutendsten Steinkohlenlager Deutschlands befinden sich an der Ruhr, in Oberschlesien, an der Saar, im Aachener und Waldenburger Revier.

Feuerungen für feste Brennstoffe.

Die festen Brennstoffe (Kohlen, Koks, Holzkohle) werden zur direkten Wärmeerzeugung in Öfen verbrannt. Erfolgt die Verbrennung in Schachtöfen, so werden sowohl der Brennstoff als auch die zu erhitzenden Substanzen schichtenweise in den Schachtofen geschüttet. Gewöhnlich verbrennt man aber den Brennstoff auf einem Roste und bringt die Feuergase mit dem zu erhitzenden Körper in Berührung. Dies ist der Fall bei den Flamm- und Puddelöfen. Zuweilen erhitzt die Flamme nur die Gefäße (Tiegel, Muffeln), in denen der zu erhitzende Körper, geschützt vor den Feuergasen, sich befindet, dann spricht man von Gefäßöfen.

Die Rostfeuerungen können als Planrost-, Schrägrost-, Treppenrost- und Kettenrostfeuerungen ausgeführt werden. Bei Planrostfeuerungen ist der Rost, der aus einzelnen nebeneinanderliegenden Roststäben besteht, wagerecht angeordnet. Hinter dem Rost liegt die Feuerbrücke, welche verhindert, daß der Brennstoff in den Ofenraum gelangt. Der Rost soll vom Brennstoff vollkommen bedeckt sein, und zwar gilt als beste Höhe der Beschüttungsschicht bei Steinkohle 6—10 cm, bei Braunkohle 9 bis 12 cm. Die Luftzufuhr erfolgt von unten durch die Spalten des Rostes.

Die Planrostfeuerung hat den Nachteil, daß der Brennstoff nur bei offener Feuertür eingebracht werden kann, wobei viel kalte Luft eintritt, die die Temperatur so weit erniedrigt, daß die Entzündungstemperatur der Kohlenwasserstoffe unterschritten wird. Treten diese an die Ofenwände heran, so zerfallen die schweren Kohlenwasserstoffe in leichte unter Freiwerden von Kohlenstoff, der als Ruß ins Freie tritt. Aber auch bei geschlossener Tür kann ein ungünstiger thermischer Nutzeffekt entstehen, wenn zu wenig oder zu viel Luft durch die Rostspalten zur Feuerung tritt. Bei zu geringem Luftzutritt entstehen Brennstoffverluste durch eine unvollkommene Verbrennung, während bei Anwendung eines Luftüberschusses die erreichbare Temperatur verringert wird, weil auch der Luftüberschuß an der Erwärmung auf die Verbrennungstemperatur teilnimmt.

Eine Verbesserung der Planroste stellen die Schräg-, Treppen- und Wanderroste dar, die folgende Bedingungen zu erfüllen suchen:

1. Das stoßweise Aufwerfen des Brennstoffes auf den Rost ist durch eine fortlaufende Beschickung zu ersetzen.

2. Der Brennstoff ist in gleichmäßig dicker Schicht aufzutragen.

3. Der Brennstoff ist erst vorzuwärmen und zu entgasen und dann erst zu verbrennen.

Bei den Schrägrostfeuerungen sind die Roststäbe unter einem Winkel von etwa 40° geneigt, so daß die Kohle aus dem Fülltrichter selbsttätig auf den Rost rutscht, wo sie schon vor Beginn der Verbrennung vorgewärmt und entgast wird.

Die Treppenrostfeuerung (Fig. 1) besitzt einen Rost aus horizontalen, wie die Stufen einer Treppe liegenden Platten. Die Beschickung wird auch hier durch einen Fülltrichter aufgegeben und gelangt zunächst auf eine schräge Platte A, von wo sie auf den eigentlichen Treppenrost B herunterrutscht. Nachdem der Brennstoff auf dem oberen Teil des Rostes entgast worden ist, wird er vom Schürer mit Hilfe von Stocheisen weiter nach unten gestoßen und gelangt schließlich auf den Planrost C, wo er vollständig verbrennt. Die Treppenrostfeuerung wird hauptsächlich für mulmige Brennstoffe, wie Braunkohle, verwendet.

Bei der Kettenrostfeuerung (Fig. 2), die aber nur bei Dampfkesseln Anwendung findet, besteht der Rost aus einem endlosen, über zwei Walzen geführten, kettenartigen Bande. Der Brennstoff wird auf dem sich bewegenden Roste wie bei der Schrägrostfeuerung allmählich erwärmt, entgast und schließlich vollständig verbrannt.

Nachdem die Verbrennungsgase einen Teil ihrer Wärme an den zu erwärmenden Körper abgegeben haben, treten sie in den Fuchs oder Rauchkanal, der zum Schornstein führt. Hier üben die warmen Gase infolge des Auftriebes eine Saugwirkung

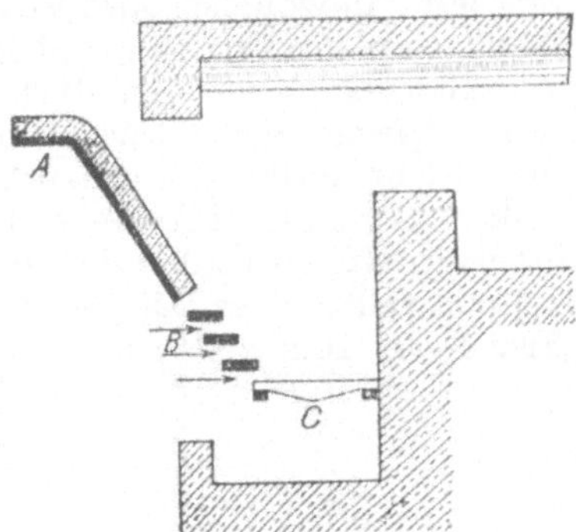

Fig. 1. Treppenrost.

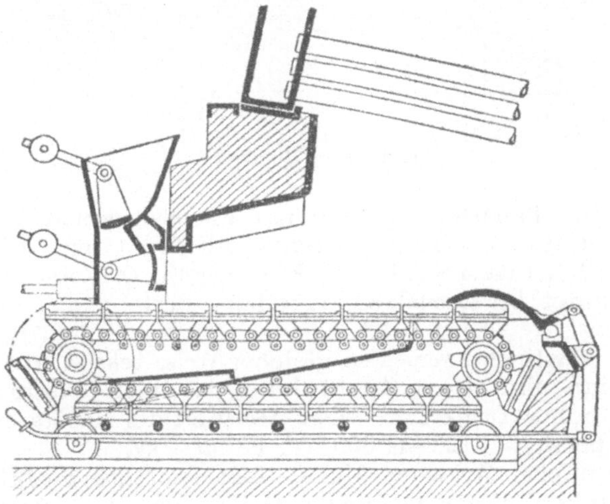

Fig. 2. Kettenrost.

(Essenzug) aus, die durch den im Fuchs angebrachten Rauchschieber geregelt werden kann. Auch künstlicher Zug durch einen Dampfstrahl (Lokomotiven) oder durch Ventilatoren (Schwabach-System) kommt zur Anwendung.

b) Flüssige Brennstoffe.

Das Rohpetroleum kommt in Nordamerika, Rußland, Galizien und Rumänien vor, wo es durch Bohrlöcher erschlossen wird und unter Druck austritt. Es wird nur ausnahmsweise als solches verfeuert; gewöhnlich wird es in Raffinerien einer fraktionierten Destillation unterworfen, wobei die leichter siedenden Bestandteile übergehen und ein Rückstand gewonnen wird, der Masut heißt. Dieser bildet eine dicke, schwarze Flüssigkeit, die sich nur schwer entzündet und unter gewöhnlichen Umständen mit stark qualmender Flamme verbrennt. Wird der Masut aber auf 80^0 erwärmt, so wird er dünnflüssig. In diesem Zustande läßt er sich mit Hilfe eines Dampf- oder Luftstrahles in einem Ölbrenner (Fig. 3—4) fein zerstäuben. Dabei wird das schwerflüchtige Öl

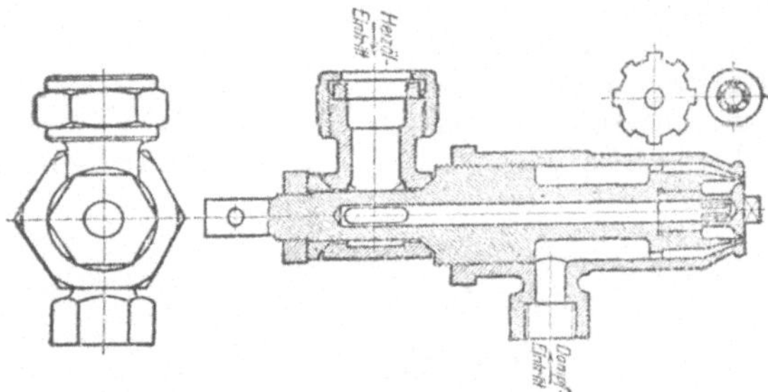

Fig. 3—4. Ölbrenner.

in staubfeine Tropfen zerlegt und zur Entzündung und Verbrennung vorbereitet. Der Masut verbrennt alsdann mit langer Flamme, ohne einen Rückstand oder Ruß zu hinterlassen. Die Zerstäubungsheizung findet bei Dampfkesseln, Glüh-, Härte- und Tiegelöfen Anwendung.

Auch Martinöfen werden in gleicher Weise beheizt, doch verwendet man alsdann zur Zerstäubung des Masuts vorgewärmte Luft von hoher Temperatur. Der Heizwert des Masuts ist sehr hoch; er beträgt 10 000—11 000 W.-E. für 1 kg.

In ähnlicher Weise wie Masut läßt sich auch Steinkohlen- oder Braunkohlenteeröl als Heizmaterial verwenden. Dieses Material besitzt einen Heizwert von 9000 W.-E.

Die Beheizung hüttenmännischer Feuerungsanlagen mit flüssigen Brennstoffen hat gegenüber der Beheizung mit Steinkohle den Vorteil, daß sie eine höhere Temperatur liefert, und völlig rauchfrei ist, ohne Asche zu hinterlassen. Da außerdem der Raumbedarf des flüssigen Brennstoffes sehr gering, und die Bedienung und Regulierung der Feuerung sehr einfach ist, so wird sie vielfach der weniger leistungsfähigen Kohlenfeuerung vorgezogen.

c) Natürliche gasförmige Brennstoffe.

Von den natürlichen gasförmigen Brennstoffen ist das Erdgas von Bedeutung, welches in einigen Gegenden, z. B. in Pennsylvanien, unter hoher Spannung aus der Erde strömt und für technische Zwecke Verwendung findet. Sein Heizwert beträgt 9300 W.-E.

II. Künstliche Brennstoffe.

Werden die rohen Brennstoffe unter Luftabschluß erhitzt, so zersetzen sie sich, und es entweichen Wasserdampf, Kohlenoxyd und Ammoniak. Es findet also eine Entgasung der Brennstoffe statt, während reiner Kohlenstoff nebst den Aschenbestandteilen zurückbleibt. Die so verkohlten Brennstoffe werden den rohen Brennstoffen bei vielen Hüttenprozessen vorgezogen, weil sie manche Vorteile bieten. Zunächst bleibt bei Verwendung künstlicher Brennstoffe dem Hüttenprozeß diejenige Wärmemenge erhalten, die sonst für die Zersetzung des rohen Brennstoffes erforderlich ist. Ferner verändert mancher Brennstoff bei der Zersetzung seine Form, wodurch seine Verwendung für Hüttenprozesse erschwert werden kann. So würde backende Kohle als Heizmaterial für den Schachtofen ganz ungeeignet sein, weil sie in der Hitze zusammenbacken und den Durchgang des Windes verhindern würde. Dagegen ist der aus backender Kohle gewonnene Koks als Brennstoff für den Schachtofen sehr geeignet, weil er einen hohen Heizeffekt besitzt und eine rauchfreie Verbrennung gestattet. Erfolgt die Entgasung der Brennstoffe in geschlossenen Retorten, so kann man noch die wertvollen Destillationsprodukte auffangen und gewinnen.

a) Feste Brennstoffe.

Holzkohle. Die Verkokung von Holz wird entweder noch in alter Weise in Meilern, oder in Retorten ausgeführt. Die Meilerverkohlung besteht darin, daß man einen nach bestimmten Regeln aufgestapelten Holzhaufen von halbkugelförmiger Gestalt (Fig. 5) mit einer Schicht Erde und Rasen bedeckt und von dem in seiner Mitte befindlichen, senkrecht aufwärtsführenden Schacht aus in Brand steckt. Ist der Meiler entzündet, so füllt man den Schacht mit Holz und schließt ihn. Das Feuer wird nun durch Einstoßen sog. Raumlöcher in den Meilermantel derart geregelt, daß der schwelende Brand sich allmählich vom Scheitel nach dem Fuße hin ausbreitet. Zuerst entweichen weiße Wasserdämpfe, welche mit dem Fortschreiten des Schwelens mehr und mehr einen säuerlichen Geruch und eine bräunliche Färbung annehmen; der Meiler schwitzt. Mitunter entstehen auch heftige Explosionen, welche darauf zurückzuführen sind, daß die brennbaren Gase innerhalb des Meilers mit Luft zusammentreffen; der Meiler wirft oder stößt. An der lichten Farbe des Rauches erkennt schließlich der Köhler, daß der Meiler gar, d. h. daß die Verkohlung beendet ist. Nun werden alle Öffnungen geschlossen, um das Feuer zu ersticken, und nachdem eine Seite geöffnet worden ist, werden die glühenden Kohlen herausgezogen und mit Wasser abgelöscht.

Die Brenndauer eines Meilers beträgt 15—20 Tage. Da bei der Meilerverkohlung ein Teil des Holzes verbrennt, erhält man aus 1 cbm Holz nur etwa 0,6 cbm Holzkohlen. Die Meilerverkohlung wird ausschließlich im Innern von Wäldern durchgeführt, wo ungünstige Transportverhältnisse vorliegen, so daß die erhebliche Gewichtsverminderung, welche durch die Verkohlung des Holzes eintritt, für die Verringerung der Transportkosten ausschlaggebend ist. Die

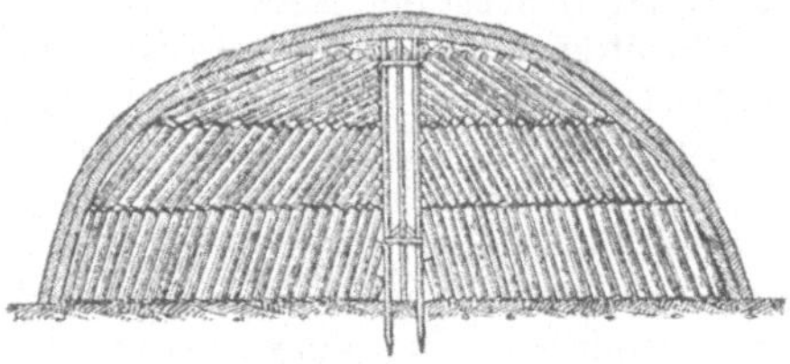

Fig. 5. Holzmeiler.

Waldköhlerei in Meilern hat aber den Nachteil, daß die Entgasungserzeugnisse des Holzes verloren gehen. Will man diese gewinnen, so muß die Verkohlung in Retorten erfolgen.

Bei der Retortenverkohlung benützt man schmiedeeiserne stehende oder liegende Retorten, die außen mit den Destillationsgasen beheizt werden. Dabei ist es möglich, die wertvollen Destillationsprodukte, Holzgas, Holzessig und Holzteer zu gewinnen.

Die Holzkohle wird als aschenarmer (2—5% Asche) und völlig schwefelfreier Brennstoff geschätzt; ihr Heizwert beträgt 6500 bis 7500 W.-E. für 1 kg. Sie verbrennt mit kurzer, rauchloser Flamme, liefert aber keine sehr hohe Temperatur.

Braunkohlen- oder Grudekoks. Die Braunkohle Mitteldeutschlands und die bituminösen Schiefer in Süddeutschland werden durch den Schwelprozeß, das ist eine Art trockener Destillation in Schwelwasser, Teer, Gas und Grudekoks übergeführt. Bei der Schwelerei legt man das Hauptgewicht auf die Menge und Güte des zu erzeugenden Teeres, aus welchem Paraffin gewonnen wird. Die Rückstände aus den Schwelöfen sind die sog. Grudekoks, welche 15—25% Asche enthalten und einen Heizwert von 6—8000 W.-E. besitzen. Der Grudekoks dient als Heizmaterial für kleine, besonders konstruierte Grudeöfen, in denen er ohne Flamme, Rauch und Ruß langsam verglüht. Für gewerbliche Feuerungen ist der Grudekoks wegen seines großen Aschengehaltes und seiner geringen Festigkeit nicht geeignet.

Koks wird als Hauptprodukt im Kokereibetrieb (Hüttenkoks), als Nebenprodukt bei der Leuchtgasfabrikation (Gaskoks) hergestellt.

Bei der Erzeugung von Hüttenkoks erfolgt heute die Verkokung der Steinkohle ausschließlich in liegenden Koksöfen mit Nebenproduktengewinnung nach den Systemen von Otto-Hoffmann, Koppers, Coppée u. a. Diese Koksöfen bestehen aus einzelnen Kammern von etwa 0,5 m Breite, 2 m Höhe und 10 m Länge, von denen 30—60 Stück zu einer Batterie zusammengebaut sind. Die einzelnen Kammern sind von Heizzügen umgeben, die in den Zwischenwänden je zweier benachbarter Kammern und unter der Ofensohle ausgespart sind. Jede Kammer wird hinten und vorne mit gußeisernen Türen verschlossen, die mit feuerfesten Steinen ausgekleidet sind.

Die Fig. 6—8 zeigen einen Koksofen von Dr. Otto. Der Ofen besitzt in der Decke verschließbare Öffnungen, die zum Einfüllen der Steinkohlen in die Kammern dienen. Das in den einzelnen Kammern beim Verkokungsprozeß sich bildende Gas wird durch Abzugskanäle in eine gemeinsame Vorlage und weiter in die Nebenprodukten-Gewinnungsanlage geleitet. Nachdem das Gas dort von Teer, Benzol und Ammoniak befreit worden ist, wird es in einer Rohrleitung zum Ofen zurückgeführt und durch Abzweigrohre zu zahlreichen Bunsenbrennern geleitet, die zur Heizung der Ofenkammern dienen. Die zur Verbrennung erforderliche Luft saugt das unter Druck ausströmende Gas aus dem Freien an, wobei die Luft an dem Mauerwerk des Ofenunterbaues vorgewärmt wird. Die Heizgase durchstreichen erst die vertikalen Züge, dann den Sohlkanal und nachdem sie ihre Wärme an die Wände der Kokskammern abgegeben haben, gelangen sie schließlich in den Abhitzekanal.

Für die Verkokung eignen sich am besten kurzflammige Fettkohlen, die sog. Backkohlen; Kohlen mit mehr als 35% und weniger als 15% flüchtigen Bestandteilen, also die jüngeren, nicht backenden Steinkohlen und die anthrazitischen Kohlen sind dagegen nicht mehr zur Verkokung geeignet. Während man in den Gasanstalten die Kohle in Stücken anwendet, benutzt man für die Kokerei nur Feinkohle, wie sie sich bei der Aufbereitung als Abfallprodukt ergibt, oder man stellt sie besonders in Schleudermühlen her.

In jedem Falle wird die Feinkohle erst gewaschen, um sie von ihrem Aschengehalt und den schiefrigen Beimengungen zu befreien, und dann von oben durch verschließbare Öffnungen in die Kammern

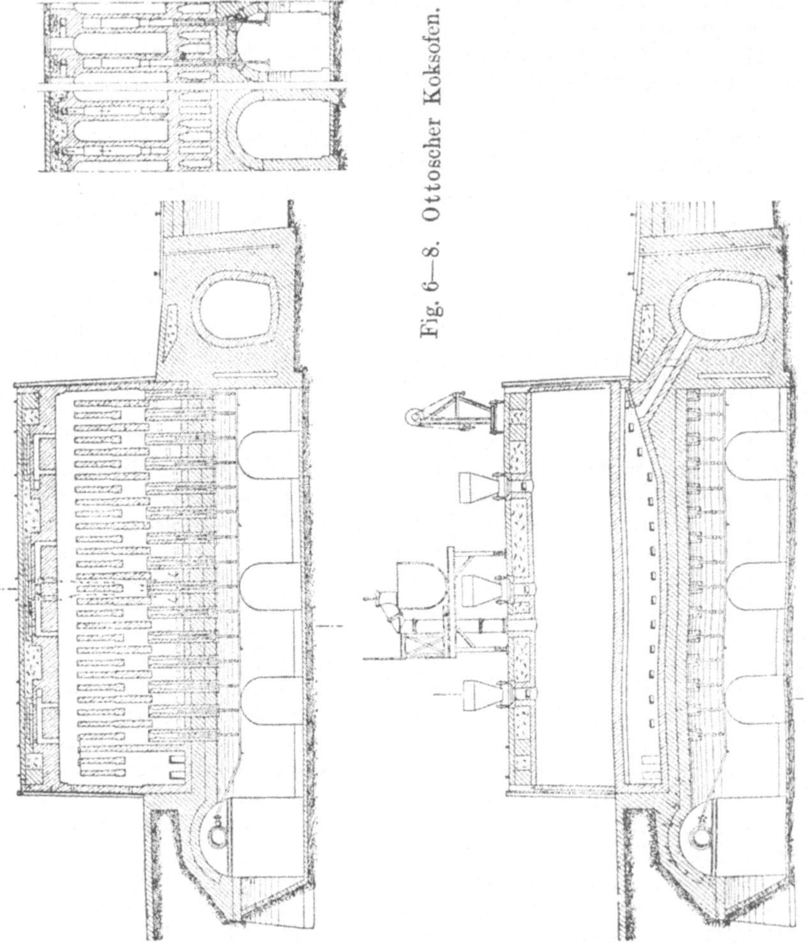

geschüttet. Ein anderes Verfahren der Koksofenbeschickung besteht darin, die Feinkohle in Eisenblechkästen, die dieselbe Form wie die Ofenkammern haben, festzustampfen, und das aufgestampfte Kohlenprisma maschinell in den Ofen hineinzudrücken. Dann werden die Türen vorgesetzt, mit Lehm gut abgedichtet, worauf die Kammern geheizt werden. Während der Erhitzung schmilzt die verkokungsfähige Kohle und erst infolge des Austreibens erheblicher Mengen flüchtiger Bestandteile wird wieder ein fester Rückstand gebildet.

Koks läßt sich aus allen backenden Kohlen herstellen. Indessen eignen sich am besten dazu die Kokskohlen, weil bei diesen Kohlen das Ausbringen an Koks weitaus das größte ist (78%), während nur etwa 22% aus der Brennstoffmasse verflüchtet werden. Die langflammigen Backkohlen geben zwar auch einen festen Koks, aber bei ihnen beträgt das Gewicht des Rückstandes nur noch 65%, und es werden bei ihnen 35% in Gas- und Dampfform verflüchtet.

Da während des Verkokungsprozesses ein erheblicher Teil der rohen Steinkohlensubstanz vergast wird, so muß unvermeidlich der Aschengehalt des Koks größer sein als derjenige der ursprünglichen Steinkohle. Er beträgt 8—10%, obwohl heute nur gewaschene Kohlen zur Verkokung Verwendung finden.

Die Verkokung bezweckt neben der Entfernung der sich beim Erhitzen zersetzenden Bestandteile die Verflüchtigung des die Verwendbarkeit der Kohle zur Metallgewinnung beeinträchtigenden Schwefelgehaltes. Etwa die Hälfte des ursprünglich in der Kohle enthaltenen Schwefels bleibt aber dennoch zurück, so daß infolge der Gewichtsverminderung der Steinkohle beim Verkoken im Koks ein Schwefelgehalt von 1—1,5% nachgewiesen werden kann. Die im Kokereibetrieb gewonnenen Koks bilden harte, metallglänzende Stücke mit einer Druckfestigkeit von 80—160 kg auf 1 qcm. Nur bei dieser Festigkeit pflegt die Widerstandsfähigkeit der einzelnen Koksstücke gegen Zerreiben sowohl beim Transport, als auch im Innern des Hochofens genügend groß zu sein. Ist der Koks nicht fest genug, so bilden sich durch Abrieb an den Wänden erhebliche Mengen pulverigen Koksmaterials, welche in Form von Gichtstaub wieder aus dem Hochofen herausgeblasen werden oder den Hochofen verstopfen. Der Koks muß aber nicht nur genügend Festigkeit besitzen, sondern auch porös genug sein, um eine energische Reduktion der Kohlensäure zu bewirken. Die im Kokereibetrieb gewonnenen Koks finden hauptsächlich im Hüttenbetrieb Verwendung; während die bei der Leuchtgasfabrikation abfallenden Koks vorwiegend als Hausbrand dienen. Zum Teil verarbeiten die Gasanstalten einen Teil der Koksausbeuten in eigenen Generatoren zu Wassergas, das in Mengen von 10—30% dem eigentlichen Leuchtgas zugesetzt wird, nachdem es zuvor mit Benzol- oder Öldampf karburiert worden ist.

Die Koks sind schwer entzündlich und verbrennen mit kurzer blauer Flamme, wobei sie bis zu 7800 W.-E. liefern. 1 cbm Koks in Stücken wiegt 350—450 kg.

Eine hohe wirtschaftliche Bedeutung hat in den letzten Jahrzehnten die Gewinnung der beim Kokereibetrieb überdestillierenden flüchtigen Bestandteile der Kohle bekommen, weil diese Teer, Ammoniak und Benzol enthalten. Um diese wertvollen Bestandteile abzuscheiden, werden die Gase aus den Verkokungskammern abgesogen und abgekühlt, wobei sich der Teer in den Vorlagen niederschlägt. Das Ammoniakgas wird durch innige Berührung mit kaltem Wasser an dieses gebunden, während das Benzol (C_6H_6) erst durch Waschen mit Teerölen gewonnen werden kann.

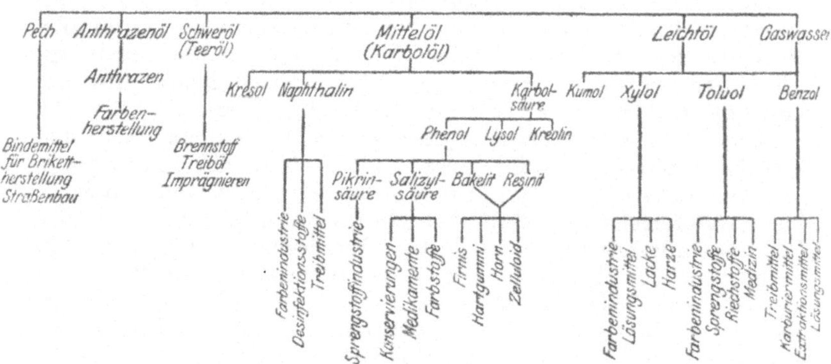

Fig. 9. Verarbeitung des Rohteers.

Das Ammoniakwasser wird zu schwefelsaurem Ammoniak ($2\,NH_4$) SO_4 weiter verarbeitet, welches ein wichtiges Düngemittel ist, während aus Teer und Benzol zahlreiche Farbstoffe, Sprengstoffe und Arzneimittel hergestellt werden, wie Fig. 9 zeigt. Die von Teer und Ammoniak befreiten Koksofengase besitzen noch einen hohen Heizwert (3500 W.-E.) und werden daher zur Heizung der Koksöfen, zum Antrieb von Gasmaschinen, als Leuchtgas oder zum Heizen von Kesseln verwendet. Nach Beendigung der Verkokung, welche 24—30 Stunden dauert, wird der Kokskuchen durch einen Schild der Stampfmaschine aus dem Ofen gedrückt und noch glühend durch Bespritzen mit Wasser abgelöscht, wobei er in Stücke zerfällt. 1000 kg Steinkohlen liefern etwa 750 kg Koks, 28 kg Teer, 12 kg schwefelsaures Ammoniak und 300 cbm Gas.

b) Gasförmige Brennstoffe.

Die Feuerungen mit gasförmigen Brennstoffen haben vor der gewöhnlichen Rostfeuerung folgende Vorzüge:

1. Verminderung des Wärmeverlustes durch den auf ein Mindestmaß einzuschränkenden Luftüberschuß bei der Verbrennung.

2. Möglichkeit der Vorwärmung der Verbrennungsluft zur Erzielung hoher Temperaturen.

3. Bequeme Handhabung und leichte Regulierbarkeit der Flamme.

4. Rauch- und rückstandsfreie Verbrennung ohne Flugstaub.

Diese Vorzüge sowie die Möglichkeit aus Brennstoffen, die man früher für wertlos gehalten hat, brennbare Gase zu gewinnen, führen die Gasfeuerung auf den Hüttenwerken immer mehr ein.

Zur künstlichen Erzeugung gasförmiger Brennstoffe sind 3 Verfahren in der Technik in Anwendung.

1. Eine Entgasung fester oder flüssiger Brennstoffe durch Erhitzung unter Luftabschluß (trockene Destillation). So gewinnt man Leuchtgas, Koksofengas und Ölgas.

2. Eine Vergasung fester Brennstoffe. Diese tritt ein, wenn der feste Kohlenstoff durch Zuführung eines Oxydationsmittels in das brennbare Kohlenoxyd übergeführt wird, wobei der zur Vergasung notwendige Sauerstoff entweder aus der Luft allein oder auch aus zugesetztem eingeblasenen Wasserdampf entnommen wird. Das so hergestellte Gas wird dann mit Luft gemischt zur vollständigen Verbrennung gebracht. So gewinnt man Luftgas, Wassergas, Mischgas, Sauggas und Mondgas.

3. Eine Zerlegung von Karbiden in Wasser liefert Azetylen.

Durch Entgasung erzeugte gasförmige Brennstoffe. Das Leuchtgas wird durch die Entgasung von Gaskohlen in Retortenöfen gewonnen. Nachdem das Gas von Teer, Ammoniak und Schwefelwasserstoff gereinigt worden ist, wird es in Gasometern aufgefangen, um für Leucht- und Heizzwecke Verwendung zu finden. Sein Heizwert ist hoch (5100 W.-E.). Es wird auch gelegentlich zum Schweißen und Löten verwendet, doch steht seiner ausgedehnten Anwendung der teure Preis im Wege.

Koksofengase können, nachdem sie in Reinigern von Schwefel und Naphthalin befreit worden sind, zum Beheizen von Martinöfen und Mischern oder zum Antrieb von Gasmotoren Verwendung finden. Sie haben einen Heizwert von 4—5000 W.-E.

Ölgas wird durch Verdampfung von Öl in Retorten hergestellt, wobei Teer zurückbleibt. Als Rohstoff kommen die Destillate des Rohpetroleums, des Braunkohlen- und Schieferschwelteeres in Frage. Das Gas wird wie Steinkohlengas durch Kühlung,

Waschung und Behandlung mit Gasreinigungsmasse gereinigt, auf 10 at komprimiert und in Stahlzylinder gefüllt, die für die Beleuchtung der Eisenbahnwagen Verwendung finden. Den Teer gebraucht man zum Heizen von Tiegelöfen und Kesseln, sowie als Treiböl für Dieselmotoren.

Durch Vergasung erzeugte gasförmige Brennstoffe. Luft- oder Generatorgas wird im Generator unter Hinzutritt von Luft durch unvollkommene Verbrennung von Braunkohle, Steinkohle, Koks oder Anthrazit gewonnen.

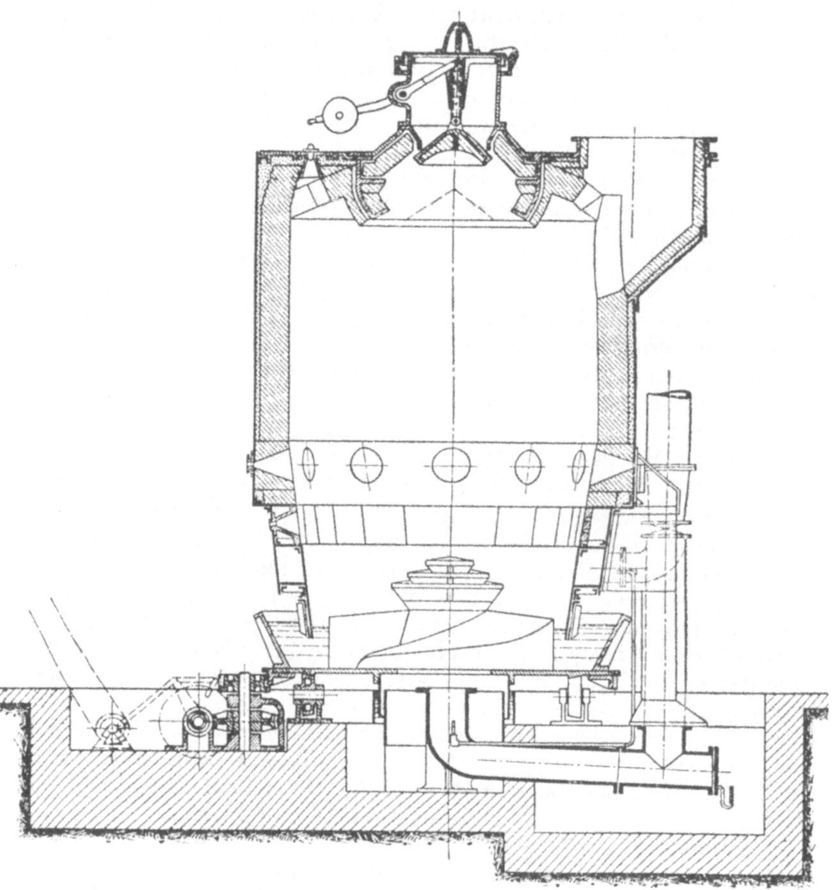

Fig. 10. Drehrost-Generator.

Der Generator (Fig. 10) ist ein Schachtofen aus feuerfesten Steinen, der mit einem Blechmantel umkleidet ist. Oben besitzt er eine Füllöffnung, die einen doppelten Verschluß hat, wodurch der Gasverlust beim Füllen verringert wird. Das Brennmaterial ruht auf einem gewöhnlichen oder Treppenrost.

Die modernen Generatoren arbeiten automatisch und kontinuierlich unter fast vollständigem Ausschluß menschlicher Hilfsarbeit. Sie bestehen aus einem doppelwandigen, mit Wasser gekühlten Mantel, in welchen der auf einer rotierenden Schüssel aufgebaute, pyramidenartige Rost hineinragt. Die Schüssel, die auf Kugeln läuft, ist außen mit einer Verzahnung versehen und wird durch eine Schnecke angetrieben. Der Wind wird zentral unter den Rost durch ein Windrohr eingeblasen. Um keine Windverluste zu erleiden, ist unter der Schüssel ein kreisrunder, mit Wasser gefüllter Abschlußring eingebaut, in welchen ein an der Schüssel befestigter Blechzylinder hineinragt. Die Asche wird durch die kontinuierliche Bewegung der Schüssel mittelst eines Räumers abgestreift und fällt dann in den Aschenkanal.

Um Generatorgas zu erzeugen, wird Luft von mäßiger Spannung (80—300 mm W.-S.) in den Generator geblasen, welche den Brennstoff dicht über dem Rost zu Kohlensäure verbrennt.

$$C + 2\,O = CO_2$$

Die Kohlensäure wird dann beim Hindurchgehen durch die glühenden Brennstoffschichten zu Kohlenoxyd reduziert

$$CO_2 + C = 2\,CO.$$

Die Reduktion der Kohlensäure soll möglichst vollständig sein. Um dies zu erreichen, darf die Brennstoffschicht nicht zu niedrig sein. Ferner empfiehlt es sich, im Generator eine möglichst hohe Temperatur zu halten, da bei Temperaturen über 1050^0 Kohlensäure nicht mehr bestehen kann. Die Temperatur darf aber niemals über die Sinterungstemperatur (1400^0) der Aschenbestandteile des Brennstoffes steigen, weil sonst die Asche zu einem festen, undurchdringlichen Kuchen zusammensintern würde. Der Betrieb eines Generators muß so reguliert werden, daß ein gleichmäßiges Heruntergehen der Brennmaterialschichten im Generator erfolgt, während der Luftstrom mit solcher Geschwindigkeit eintreten muß, daß das oben abziehende Gasgemisch möglichst frei von Kohlensäure und Sauerstoff ist.

Das Generatorgas, welches auch Luftgas genannt wird, besteht aus Kohlenoxyd, Wasserstoff, Stickstoff und Kohlensäure. Es verbrennt mit blauer, nur schwach leuchtender Flamme und besitzt einen Heizwert von 800—1000 W.-E.

Zu den Luftgasen gehören auch die Gichtgase der Hoch- und Kupolöfen, von denen aber nur die ersteren eine nützliche Verwendung finden. Das Hochofen-Gichtgas hat einen Heizwert von 800—900 W.-E. und dient zum Heizen von Dampfkesseln, sowie zum Antrieb von Gasmotoren.

Wassergas erhält man, wenn man nur Wasserdampf durch die glühende Brennstoffschicht des Generators hindurchbläst. Dabei zerlegt sich der Dampf im Sinne der Gleichungen:

$$C + H_2O = CO + H_2 \text{ in Temperaturen oberhalb } 1000^0,$$
$$C + 2\,H_2O = CO_2 + 2\,H_2 \text{ in Temperaturen unterhalb } 1000^0.$$

Um ein möglichst kohlenoxydreiches Gas zu erhalten, sucht man in der unteren Zone des Generators eine Temperatur von 1200° zu halten. Da der zugeführte Dampf aber abkühlend wirkt, so muß schon nach etwa 4 Minuten der Dampf abgesperrt und zum Anheizen Luft in den Generator geblasen werden. Dieses Heißblasen dauert etwa 10 Minuten. Ist der Brennstoff wieder auf helle Glut gebracht, so wird wieder der Gebläsewind abgestellt und Dampf hindurchgeblasen (Kaltblasen oder Gasmachen). Der Betrieb ist also nicht kontinuierlich. Das Umsteuern der verschiedenen Ventile und Schieber erfolgt durch einen Arbeiter. Das Wassergas hat einen Heizwert von etwa 2500 W.-E. Aus 1 kg Brennmaterial lassen sich 1,8—2 cbm Gas erzeugen.

Das Wassergas wird zum Schweißen, Löten und Härten verwendet, also überall da, wo es darauf ankommt, hohe Temperaturen zu erreichen.

Misch- oder Kraftgas erhält man, wenn man Luft und Dampf gleichzeitig, und zwar in solchen Mengen durch den Generator bläst, daß in diesem eine Temperatur von etwa 1200° konstant erhalten bleibt. Der Betrieb ist kontinuierlich. Das Mischgas ist ein Gemisch von Luft- und Wassergas und hat einen Heizwert von etwa 1100 W.-E. Eine Mischgasanlage besteht aus einem Dampferzeuger, Gebläse, Generator, Skrubber (zum Reinigen des Gases) und einem Gasbehälter.

Soll Generatorgas zum Antrieb von Gasmaschinen verwendet werden, so wird der Generator direkt mit der Maschine verbunden (Fig. 11—12). Diese saugt Dampf und Luft durch den Generator hindurch an und stellt sich so das Gas selbst her.

Das so gewonnene Gas heißt Sauggas. Es wird aus Anthrazit erzeugt und besitzt einen Heizwert von 1200 W.-E.

Wenn nach dem Verfahren von Mond bei der Herstellung von Mischgas aus Kohle mit einem großen Überschuß an Wasserdampf gearbeitet wird, so gelingt es neben dem Mischgas noch das

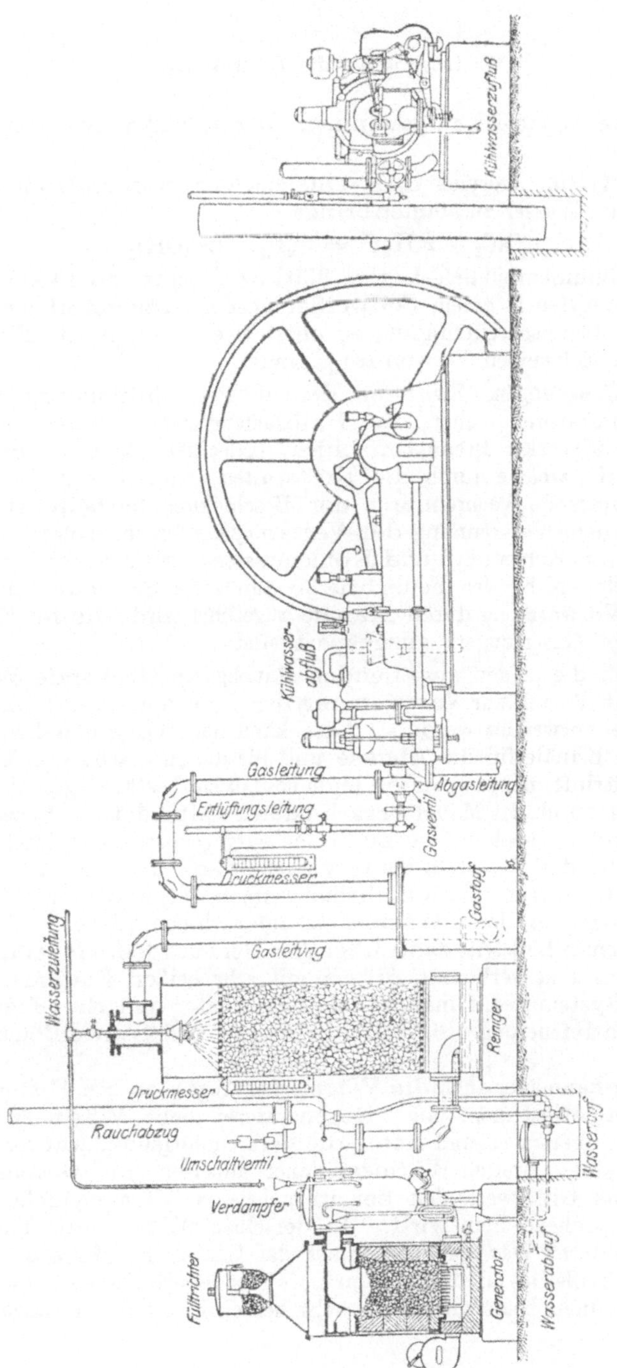

Fig. 11—12. Sauggasanlage.

wertvolle Ammoniak zu gewinnen. Das so hergestellte Gas heißt Mondgas.

Azetylen. Azetylen C_2H_2 entsteht, wenn man Kalziumkarbid CaC_2 mit Wasser zusammenbringt

$$CaC_2 + 2\,H_2O = C_2H_2 + Ca\,(OH)_2$$

1 kg Kalziumkarbid liefert etwa 300 l Azetylengas von 14500 W.-E. Wird Azetylen in einem Schweißbrenner mit Sauerstoff gemischt und das Gemisch entzündet, so entsteht eine sehr heiße Flamme, die zum Schweißen Verwendung findet.

Gasfeuerungen. Zwischen den direkten Rostfeuerungen und den Generatoren stehen die Halbgasfeuerungen; diese besitzen einen mit starker Brennstoffschicht bedeckten Rost, so daß die Primärluft, welche durch die Rostspalten hindurchtritt, nur eine unvollkommene Verbrennung der Beschickung herbeiführt. Die vollkommene Verbrennung der Vergasungsprodukte, welche hauptsächlich aus Kohlenoxyd und Kohlenwasserstoffen bestehen, erfolgt erst in der Nähe der Feuerbrücke durch die Sekundärluft, die zwecks Vorwärmung durch Kanäle zugeführt wird, die im Mauerwerk des Gaserzeugers ausgespart sind.

Auch die in den abziehenden Rauchgasen steckende Wärme kann mit Vorteil zur Vorwärmung der Verbrennungsluft und der Heizgase verwendet werden. Dies kann dadurch geschehen, daß man die Kanäle für die Abgase und für die zu erwärmende Luft (Sekundärluft) nebeneinander legt, so daß ein beständiger Wärmeausgleich durch das Mauerwerk hindurch stattfindet. Abgase und Luft strömen alsdann in einander entgegengesetzter Richtung, dergestalt, daß die kalte Luft zuerst auf die am meisten abgekühlten Gase trifft und auf ihrem weiteren Wege immer heißeren Gasen begegnet, deren Wärme sie aufzunehmen vermag. Die so vorgewärmte Luft tritt dann über dem Herd mit dem Generatorgas zusammen und verbrennt dieses mit sehr heißer Flamme. Ein solches System nennt man einen Rekuperator und die Feuerung Rekuperativfeuerung. Sie wird in Flamm- und Schweißöfen eingebaut.

Man kann aber auch die Wärme der Abgase an ein Gitterwerk aus Schamottesteinen, sog. Regeneratoren oder Wärmespeicher (Fig. 38), übertragen und leitet die Verbrennungsluft, während die Abgase einen zweiten Wärmespeicher anheizen, im Gegenstrom durch das Gitterwerk des bereits geheizten Wärmespeichers, so daß sie glühend heiß wird. In derselben Weise kann man in einem anderen Wärmespeicherpaar das Gas stark erhitzen. Läßt man das heiße Gas mit der heißen Luft über dem Herde sich mischen, so verbrennen beide mit einer sehr heißen Flamme, die sogar das weichste Schmiedeeisen zum Schmelzen bringt. Nach einiger Zeit ist das erste Wärmespeicherpaar abgekühlt, während das zweite durch die Abgase auf Weißglut erhitzt ist. Alsdann wird umgesteuert, und die Gase nehmen nun die umgekehrte Richtung. Diese Feuerung heißt Regenerativfeuerung. Sie ist von Friedrich und Wilhelm Siemens angegeben worden und wird bei den Siemens-Martinöfen und Tiegelöfen angewendet.

Feuerfeste Steine. Als Baustoffe für metallurgische Öfen werden die sog. feuerfesten Steine benutzt. Die Steine sollen formbeständig, schwer schmelzbar, widerstandsfähig gegen chemische Einflüsse sowie gegen Temperaturwechsel sein und große Festigkeit und Dichte besitzen. Einen wirklich feuerfesten Baustoff, der jeglichen Einwirkungen des Feuers selbst bei den höchsten Temperaturen widersteht, gibt es nicht. Indessen zählt man alle Baustoffe, deren Schmelzpunkt zwischen Segerkegel 26—30 liegt, zu den feuerfesten, die bei Segerkegel 31—36 schmelzenden zu den hochfeuerfesten Produkten. Man teilt die feuerfesten Produkte ein in:

A. Reine Schamottesteine,
B. Saure Steine,
C. Halbschamotte- oder halbsaure Steine,
D. Kohlenstoffsteine,
E. Basische Steine und Stampfmassen.

A. Reine Schamottesteine erhält man, indem man gebrannten Ton (kieselsaures Aluminium), Schamotte genannt, mit fein gemahlenem Rohton (Bindeton) in bestimmtem Verhältnis mischt, zu Steinen formt, diese trocknet und bei Weißglut brennt. Schamottesteine werden insbesondere zum Bau der Hochöfen und Cowperapparate verwendet.

B. Zu den sauren Steinen gehören alle quarzreichen, d. h. kieselsäurereichen Steine, hauptsächlich die Silika, auch Kalkdinassteine genannt. Man stellt sie her, indem man gemahlenen Quarzit mit Kalkmilch anrührt, zu Steinen formt und diese brennt. Das dabei entstehende Kalksilikat kittet die einzelnen Quarzkörner zu einem festen Stein zusammen. Silikasteine finden Anwendung zum Bau sehr heißgehender Öfen, bei welchen nur geringe Temperaturwechsel vorkommen. Wo Schlackenflüsse oder Flugasche auftreten, kann man sie nicht verwenden. Da die Silikasteine in hoher Temperatur wachsen, werden sie zum Bau von sehr flachen Ofengewölben, welche sehr starker Hitze widerstehen müssen, mit Vorteil verwendet. Nimmt man als Bindemittel an Stelle der Kalkmilch einen Bindeton, so entsteht der Tondinasstein.

Zu den sauren Steinen zählen auch die Ganistersteine, die aus tonhaltigen Kohlensandsteinen mit Bindeton hergestellt werden.

C. Halbschamotte oder halbsaure Steine erhält man, wenn bei Herstellung der Schamottesteine ein Teil des gebrannten Tones (Schamotte) durch gemahlenen Quarzit ersetzt wird.

D. Kohlenstoffsteine stellt man aus aschearmen Kokssorten her, die gemahlen, mit Teer versetzt und zu Steinen geformt werden. Diese müssen alsdann unter vollkommenem Luftabschluß in geschlossenen Schamottekästen bei hoher Temperatur gebrannt werden. Die Kohlenstoffsteine sind sehr widerstandsfähig, doch dürfen sie mit hocherhitzten, oxydierend wirkenden Feuergasen nicht in Berührung kommen. Sie werden als Baustoff für elektrische Öfen und als Bodensteine für Hochöfen verwendet.

E. Zu den basischen Steinen zählen die Magnesit- und Dolomitsteine. Die Magnesitsteine bestehen aus totgebrannter Magnesia (MgO), die unter starkem Druck in Pressen zu Steinen geformt, dann getrocknet und schließlich gebrannt wird. Um Dolomitsteine herzustellen wird Rohdolomit ($MgCO_3 + CaCO_3$) in Kupolöfen mit Koks bis zur Sinterung gebrannt (totgebrannt), um die Kohlensäure auszutreiben. Dann wird er in Kollergängen fein gemahlen, mit Teer vermischt und hierauf in hydraulischen Pressen bei 400 at Druck zu Ziegelsteinen gepreßt. Diese werden in Muffeln geglüht, wobei ein Teil des Teeres verflüchtet wird, während der übrigbleibende koksartige Rückstand als Bindemittel dient.

Die Magnesit- und Dolomitsteine werden ihres hohen Preises wegen nur in basischen Stahlwerksöfen verwendet. Wichtig ist noch die Stampfmasse, die aus gebranntem und fein gemahlenem Magnesit oder Dolomit besteht. Diese wird mit Teer versetzt und dient zum Aufstampfen des Bodens von Thomasbirnen und basischen Martinöfen.

Bei allen metallurgischen Öfen sind die feuerfesten Steine so engfugig zu vermauern, daß die Fugen höchstens 2 mm betragen. Der zu verwendende Mörtel soll möglichst die gleiche Zusammensetzung wie die zu vermauernden Steine haben.

Zweiter Teil

Die Gewinnung der Metalle.

Chemische Grundlagen.

Die Metallerze sind chemische, in der Natur vorkommende Verbindungen metallischer Grundstoffe mit nichtmetallischen. Die hüttentechnisch wichtigsten Metallgrundstoffe sind:

A. Schwermetalle.

1. Gruppe des Eisens: Eisen (Fe), Mangan (Mn), Nickel (Ni), Kobalt (Co), Zink (Zn),
2. Gruppe des Bleies: Blei (Pb), Kupfer (Cu), Quecksilber (Hg),
3. Gruppe des Chroms: Chrom (Cr), Molybdän (Mo), Wolfram (W), Uran (U),
4. Gruppe der edlen Metalle: Silber (Ag), Gold (Au), Platin (Pt),

B. Leichtmetalle.

Kalium (K), Natrium (Na), Kalzium (Ca), Magnesium (Mg), Aluminium (Al).

Die wichtigsten Nichtmetalle (Metalloide) sind:
Sauerstoff (O), Wasserstoff (H), Stickstoff (N); Kohlenstoff (C), Schwefel (S), Phosphor (P), Arsen (As), Silizium (Si).

Für die hüttentechnische Großgewinnung der Metalle kommen in erster Reihe die Verbindungen der metallischen Grundstoffe mit Sauerstoff, die Oxyde, in Frage. Diesen wird unter Aufwendung von Wärme der Sauerstoff durch Reduktiopsmittel entzogen, die bei gewissen Hitzegraden größere Verwandtschaft zum Sauerstoff als die zu gewinnenden Metalle haben. Die am häufigsten angewendeten Reduktionsmittel sind Kohlenstoff und Kohlenoxyd. Das Vereinigungsbestreben des Sauerstoffes zum Kohlenstoff wächst mit der Temperatur und erreicht in der hellen Weißglut seinen höchsten Grad.

Kohlenoxyd CO läßt sich schon bei verhältnismäßig niedriger Temperatur mit einem zweiten Atom Sauerstoff zu Kohlensäure (CO_2) vereinigen und sein Verbrennungsbestreben wächst anfänglich ebenfalls mit der Temperatur, bis bei Temperaturen über 1000°

ein Zerfallen (Dissoziation) der Kohlensäure in Kohlenoxyd und freien Sauerstoff erfolgt.

$$CO_2 = CO + O$$

Leicht reduzierbare Erze, das sind Erze, welche sich bei Temperaturen unter 1000^0 reduzieren lassen, werden mit Kohlenoxyd reduziert, während schwer reduzierbare Erze nur durch Kohle in Weißglut reduziert werden können.

Beispiele für Reduktionsvorgänge

$$Fe_2O_3 + CO = 2\,FeO + CO_2$$
Eisenoxyd Kohlenoxyd Eisenoxydul Kohlensäure
$$FeO + CO = Fe + CO_2$$
Eisenoxydul Kohlenoxyd Eisen Kohlensäure

Auch andere Grundstoffe, wie Mangan, kommen als Reduktionsmittel vor

$$FeO + Mn = Fe + MnO$$
Eisenoxydul Mangan Eisen Manganoxydul

Andere sehr wichtige Metallerze sind die Sulfide, d. s. Verbindungen der Metalle mit Schwefel. Die Entfernung des Schwefels kann geschehen durch Rösten, d. h. Erhitzen der Erze unter Luftzutritt, durch Destillation, d. h. Erhitzen ohne Luftzutritt, oder durch Reduktionsmittel verschiedenster Art.

Beispiel:

$$Pb\,S + Fe = Pb + Fe\,S$$
Bleisulfid Eisen Blei Eisensulfid

Ferner werden Metallsalze verhüttet, deren Entstehen man sich durch Vereinigung eines Metalloxydes und eines Nichtmetalloxydes, wie CO_2, SiO_2, SO_2, P_2O_5, vorstellen kann; denn es zerfällt beim Rösten ein Metallsalz, wie

Eisenkarbonat in Eisenoxydul und Kohlensäure.
$$Fe\,CO_3 = Fe\,O + CO_2$$

Die Verfahren der elektrochemischen Technik sind zumeist elektrolytische Verfahren. Zwischen zwei Stromzuführungen (Elektroden) befindet sich ein Elektrolyt im flüssigen Zustande (gelöst oder geschmolzen). Der Strom erzeugt beim Durchgange etwas Wärme, in der Hauptsache leistet er aber die chemische Arbeit der Trennung und Entladung der Ionen. Das $+$ Ion (Kation) geht nach der negativen Elektrode (Kathode), das $-$ Ion (Anion) geht nach der positiven Anode. Zur Trennung ist eine gewisse Stromspannung erforderlich. Der innere Badwiderstand kann durch Zusätze, die die Leitfähigkeit des Bades erhöhen, herabgesetzt werden. In den meisten Fällen ist Gleichstrom erforderlich.

Zuweilen tritt das Material der Elektroden mit in die chemische Reaktion (lösliche Anoden). Dann beschränkt sich oft der Prozeß auf einen Transport von einer Elektrode zur andern, wobei elektromotorische Kräfte von einigen zehntel Volt genügen, während bei unlöslichen Anoden die elektromotorische Kraft häufig auf 5—6 Volt steigt. Unter der Stromdichte versteht man die Zahl der Ampere auf 1 qdm. Dieselbe ist bei wässerigen Lösungen 0,1—2 Amp., bei Schmelzflüssen dagegen 50—100 Amp.

Sehr wichtig sind auch die elektrothermischen Verfahren. Bei diesen spielt der Strom nur die Rolle einer Wärmequelle von großer Reinheit und sehr hoher Temperatur (bis 3500°). Die Wärme entstammt entweder direkt dem elektrischen Licht- oder Flammenbogen, oder sie entsteht durch die Erhitzung eines großen Widerstandes beim Stromdurchgang.

Das physikalische Verhalten der Metalle.

Der Wert eines Metalles wird in erster Linie nach seiner Festigkeit beurteilt, die durch Zerreißversuche geprüft und gemessen wird. Bei diesen Versuchen zeigen sich noch zwei andere wichtige Eigenschaften: die Elastizität und die Zähigkeit. Die Elastizität ist besonders bei Federn wertvoll, aber auch die Zähigkeit ist wichtig, weil sie einerseits eine Sicherheit gegen einen plötzlichen Bruch liefert, und weil andererseits die leichte Formgebung der Metalle durch Hämmern, Pressen und Walzen darauf beruht. Die Fähigkeit sich formen zu lassen wächst bei schmiedbarem Eisen in der Glühhitze bis zur völligen Erweichung. In diesem Zustande ist es möglich, zwei getrennte Stücke durch Hammerschläge zu einem einzigen zu vereinigen. Diese Eigenschaft nennt man die Schweißbarkeit. Eine weitere wichtige Eigenschaft vieler Metalle ist ihre Härte, weil sie der Abnützung eines Gegenstandes durch reibende oder stoßende Kräfte widersteht. Besonders der Stahl ist durch große Härte, die Naturhärte, ausgezeichnet. Diese läßt sich noch bedeutend vergrößern durch die künstliche Härte, welche er annimmt, wenn man ihn rotglühend in kaltes Wasser taucht.

I. Die Eisenhüttenkunde.

Die Eigenschaften und Bestandteile des Eisens.

Chemisch reines Eisen ist seiner Weichheit wegen als Baustoff nicht verwendbar. Das in der Technik verwendete Eisen ist eine Legierung, die außer Eisen in der Hauptsache aus Kohlenstoff (C), Mangan (Mn), Silizium (Si), Phosphor (P) und Schwefel (S) besteht.

Der wichtigste Bestandteil des Eisens ist der Kohlenstoff, denn schon ein geringer Prozentsatz dieses Elementes kann die Eigenschaften des Eisens sehr bedeutend verändern. Das Eisen löst im flüssigen Zustande $2,3\%$ und mehr Kohlenstoff auf. Je höher der Kohlenstoffgehalt ist, um so leichter schmelzbar und spröder wird das Eisen; je niedriger der Kohlenstoffgehalt, um so schwerer schmelzbar, weicher und dehnbarer wird es. Demnach unterscheidet man in der Praxis zwei Arten von Eisen:

1. das spröde und leicht schmelzbare Roheisen mit
$2,3\%$ und mehr Kohlenstoff;
2. das dehnbare und schwer schmelzbare schmiedbare Eisen
mit $1,6$—$0,05\%$ C.

Die Übergangssorten mit $2,3$—$1,6\%$ C werden technisch nicht verwendet, da sie sich weder zum Schmelzen noch zum Schmieden eignen.

Das Roheisen schmilzt bei niedrigerer Temperatur als schmiedbares Eisen. Ersteres bei etwa 1100—1300^{0}, letzteres bei 1400 bis 1700^{0}.

Das Roheisen geht ferner, ohne zuvor zu erweichen, aus dem festen in den flüssigen Aggregatzustand über; ebenso erstarrt es augenblicklich, ohne einen teigigen Zustand zu durchlaufen.

Das schmiedbare Eisen dagegen wird, bevor es flüssig wird, weich und bildsam.

Je nach dem Kohlenstoffgehalt hat das Eisen eine gewisse Härte, welche man Naturhärte nennt. Diese natürliche Härte kann bei allen Sorten des schmiedbaren Eisens, die einen Kohlenstoffgehalt von $0,5$—$1,6\%$ besitzen, noch dadurch wesentlich gesteigert werden, daß man sie auf Rotglut erhitzt und dann durch Eintauchen in kaltes Wasser plötzlich abkühlt. Dieses Verfahren nennt man Härten, und dasjenige schmiedbare Eisen, welches sich härten läßt, nennt man Stahl.

Einteilung der Eisensorten nach dem Kohlenstoffgehalt:

mehr als $2,3\%$ C	$2,3$—$1,6\%$ C	$1,6$—$0,05\%$ C	
Roheisen, spröde, leicht schmelzbar.	technisch nicht verwendbar,	schmiedbares Eisen, dehnb., schwer schmelzb.	
		$1,6$—$0,5\%$ C	$0,5$—$0,05\%$ C
		Stahl, härtbar	Schmiedeeisen, nicht härtbar.

Neben der Menge des Kohlenstoffes verändert auch seine Erscheinungsform den Charakter des Eisens. Der Kohlenstoff kann im Eisen in zwei Formen vorkommen: Entweder chemisch an das Eisen gebunden (amorpher Kohlenstoff) oder im freien Zustande zwischen den Eisenkristallen eingelagert (graphitischer Kohlenstoff).

Im flüssigen Eisen ist der ganze Kohlenstoff als sog. Härtungskohlenstoff gelöst. Nach dem Erstarren kohlenstoffreichen Eisens findet bei etwa 1050⁰ ein Zerfall der Legierung (Seigerung) statt, wobei sich ein Teil des Gesamtkohlenstoffes als blättriger Graphit zwischen den Eisenteilchen ausscheidet.

Bei weiterer allmählicher Abkühlung des kohlenstoffhaltigen Eisens findet bei etwa 700⁰ eine nochmalige Seigerung statt; die Ausscheidung besteht aber jetzt nicht aus freiem Kohlenstoff, sondern aus einer Verbindung, Eisenkarbid (Fe_3C), die sich auf Bruchflächen nicht bemerkbar macht, sondern nur auf schwach geätzten Schliffflächen mittelst des Mikroskopes zu erkennen ist. Das Karbid durchsetzt das Eisen aderförmig und zeichnet sich durch erhebliche Härte aus. Der in ihm enthaltene Kohlenstoff führt den Namen Karbidkohle.

Bei weiterer Abkühlung unterhalb des Karbidpunktes findet eine Veränderung der Eisenlegierung nicht mehr statt; was sie an Kohlenstoff in Lösung noch enthält, bleibt gelöst. Auch die Karbidseigerung kann durch plötzliches Abkühlen über den Karbidpunkt hinweg verhindert werden. Da der im Eisen gelöste Kohlenstoff von wesentlichem Einflusse auf die Härte des Eisens ist, so muß die plötzliche Abkühlung eine beträchtliche Härtesteigerung zur Folge haben; auf ihr beruht das Härten des Stahles. Die gelöste Kohle führt den Namen Härtungskohle.

Eine vierte Kohlenstofform ist die Temperkohle. Diese trennt sich vom Eisen und lagert sich in Form schwarzer Knötchen zwischen den Eisenmolekülen ab, wenn eine kohlenstoffreiche Legierung andauernd auf helle Glühhitze (800⁰) gebracht wird, wie beim Tempern des schmiedbaren Gusses.

Gesamtkohlenstoff

graphitischer   amorpher Kohlenstoff

Graphit   Temperkohle   Karbidkohle   Härtungskohle.

Neben dem Kohlenstoff ist Silizium das wichtigste Element, welches das Eisen regelmäßig begleitet. Silizium ist der Grundbestandteil des Quarzes und Tones und wird von geschmolzenem kohlenstoffhaltigem Eisen aus der Hochofenschlacke, aus gewöhnlichen feuerfesten Steinen und aus Schmelztiegeln aufgenommen. Es wirkt auf Ausscheidung des vorhandenen Kohlenstoffes kurz nach dem Erstarren des geschmolzenen Metalles in Gestalt kleiner

Graphitblättchen und setzt so den hart und spröde machenden Bestandteil des Eisens außer Wirkung.

Die Ausscheidung des Kohlenstoffes erklärt sich folgendermaßen: Das Eisen hat die Fähigkeit, eine bestimmte Menge Silizium und Kohlenstoff nebeneinander zu lösen, welche mit steigender Temperatur wächst. Ist das Eisen nun im flüssigen Zustand mit den beiden genannten Körpern gesättigt, und läßt man es dann erkalten, so vermindert sich mit sinkender Temperatur die Lösefähigkeit des Eisens, und es ist nicht mehr imstande, beide Körper in Lösung zu erhalten: Es muß also der Körper weichen, welcher die geringere Affinität zum Eisen hat; und dies ist in diesem Falle der Kohlenstoff, der sich alsdann in Form von Graphitblättchen ausscheidet.

Hat sich Eisen bereits vollständig mit Kohlenstoff gesättigt und nimmt dann noch Silizium auf, so findet selbst im flüssigen Eisen eine Graphitausscheidung statt; der Graphit tritt dann seines niedrigen spezifischen Gewichtes wegen an die Oberfläche und führt den Namen Garschaum.

Die Graphitausscheidungen zwischen den Eisenkristallen geben dem an sich hellgrauen Metalle dunklere Farbe und veranlassen so den Namen graues Roheisen als Gegensatz zum weißen Roheisen, welches graphitfrei ist und ausschließlich amorphen Kohlenstoff enthält.

Je höher der Siliziumgehalt und je langsamer die Abkühlung des geschmolzenen Roheisens vor sich geht, desto größere Graphitblättchen bilden sich, und desto dunkelgrauer und grobkörniger wird das Eisen; plötzliches Erstarren und rasches Abkühlen, z. B. in eisernen Formen kann die Graphitbildung erschweren oder ganz verhindern (Hartguß).

Das graue Roheisen, das umgeschmolzen das Gießereiroheisen ergibt, enthält 2—5% Si, während das weiße Roheisen selten über 1% Si enthält. Letzteres ist wegen seiner Sprödigkeit für technische Zwecke unbrauchbar und hat nur Bedeutung als Zwischenprodukt für die Darstellung des schmiedbaren Eisens. Ein Roheisen mit 10—12% Si heißt Ferrosilizium. Dieses wird als Desoxydationsmittel beim Frischprozeß verwendet.

Der dritte niemals fehlende Bestandteil aller Eisensorten ist das Mangan. Dieses wirkt entgegengesetzt wie Silizium, denn es verhindert die Ausscheidung des Kohlenstoffes als Graphit und bewirkt die Entstehung von Härtungskohle. Das Mangan erhöht daher die Härte des Eisens und begünstigt die Bildung des weißen Roheisens. Das Mangan hat ferner die Eigenschaft sich leicht mit Schwefel zu Schwefelmangan zu verbinden, welches sich an der Oberfläche als Schlacke ausscheidet. Weißes Roheisen ist daher sehr schwefelarm und dient deshalb zur Fabrikation von Schmiedeeisen und Stahl. Mangan löst aber leicht Gase auf, die sich beim Erkalten wieder ausscheiden und Lunker bilden. Ein hoher Mangangehalt ändert auch das Gefüge des Eisens; es wird strahlig und bildet bei einem Gehalt von 8—10$^0/_0$ Mangan große spiegelnde Flächen. Dieses Roheisen nennt man Spiegeleisen. Es ist besonders schwefelarm und dient daher zur Stahlfabrikation. Wird der Mangangehalt auf 20—85$^0/_0$ gesteigert, so entsteht Ferromangan, das sich durch ein strahliges Gefüge und schöne Anlauffarben auszeichnet. Ferromangan und Spiegeleisen werden als Desoxydations- und Kohlungsmittel beim Frischen gebraucht und zwar dient Ferromangan als schwach, Spiegeleisen als stark kohlender Zuschlag.

Zu den schädlichen Bestandteilen, die das Eisen stets begleiten, gehören hauptsächlich Phosphor und Schwefel.

Phosphor macht den Schmelzfluß hart und spröde, wodurch das Widerstandsvermögen des Eisens gegen Erschütterungen und Stöße, sowie gegen Wärmespannungen bei ungleichmäßiger Erhitzung vermindert wird. Wo solche Beanspruchungen auftreten, vermeidet man daher einen höheren Phosphorgehalt als 1$^0/_0$. Nur bei Kunstguß wählt man etwa 1,3$^0/_0$ Phosphor, weil mit wachsendem Phosphorgehalt der Schmelzfluß besonders dünnflüssig wird.

Schwefel macht den Schmelzfluß dickflüssig, zäh, behindert dadurch den Austritt von Gasen und verursacht blasigen Guß. Ferner erschwert er die Graphitbildung, erzeugt hartes, weißes Eisen, das sich schwer bearbeiten läßt, große Sprödigkeit und hohe Schwindung besitzt. Das normale Gießerei-Roheisen enthält 0,01 bis 0,1$^0/_0$ Schwefel.

Eisensorten.

Das Roheisen, welches im Hochofen gewonnen wird, ist das Ausgangsprodukt für die Herstellung aller Eisensorten. Man unterscheidet graues und weißes Roheisen. Das graue findet seine Hauptanwendung in der Gießerei und heißt dann Gießereiroheisen, während das weiße wegen seiner Eigenschaft den amorphen Kohlenstoff leicht an Sauerstoff abzugeben, ausschließlich zur Darstellung von schmiedbarem Eisen benutzt und Frischereiroheisen genannt wird.

Graues und weißes Roheisen kommen auch miteinander gemischt vor. Man nennt dieses halbiertes Eisen und bezeichnet es als schwach halbiert, wenn die graue Masse, und als stark halbiert, wenn die weiße Masse überwiegt.

Das schmiedbare Eisen wird beim Erhitzen, bevor es schmilzt, teigig. In diesem Zustande lassen sich zwei Stücke schmiedbaren Eisens zu einem einzigen durch Hammerschläge vereinigen. Diesen Vorgang nennt man das Schweißen.

Wird schmiedbares Eisen im Puddelofen durch Aneinanderschweißen einzelner Kristalle im teigigen Zustande gewonnen, so nennt man es Schweißeisen, bei höherem Kohlenstoffgehalt Schweißstahl; wird es aber aus dem flüssigen Zustande erhalten, so heißt es Flußeisen, bzw. Flußstahl.

Die Gesamteinteilung der verschiedenen Eisensorten läßt sich demnach durch die in Fig. 13 dargestellte Gruppierung veranschaulichen:

Fig. 13. Einteilung des Eisens.

1. Die Darstellung des Roheisens.

A. Die Rohstoffe.

Die Eisenerze und ihre Aufbereitung. Das Eisen wird aus den Eisenerzen gewonnen, die in der Natur sehr stark verbreitet sind. Für die technische Verwendung kommen aber nur die Eisenoxyde, Eisenhydroxyde und Eisenkarbonate in Frage. Um die Verhüttung lohnend zu gestalten, ist es erforderlich, daß die Erze einen gewissen Eisengehalt besitzen, und zwar wird in Deutschland ein Mindestgehalt von 30% Eisen gefordert. Ferner müssen die in den Erzen vorkommenden Verunreinigungen, (Gangarten) wie Tonerde (Al_2O_3), Kieselsäure (SiO_2), Kalkerde (CaO) so günstig vertreten sein, daß sie leicht verschlackt werden können.

Die wichtigsten Eisenerze sind:

1. Roteisenstein (Eisenoxyd Fe_2O_3).
2. Brauneisenstein (Eisenhydroxyd $2\,Fe_2O_3 + 3\,H_2O$).

3. Spateisenstein (Eisenkarbonat $Fe CO_3$).

4. Magneteisenstein (Eisenoxydul-Oxyd Fe_3O_4).

1. **Der Roteisenstein** (Fe_2O_3) hat eine braunrote Farbe und zeigt einen roten Strich. Er kommt vor a) kristallisiert als Eisenglanz (Elba), auch als Eisenglimmer, b) in nierenförmigen Formen als roter Glaskopf (Cumberland) oder Blutstein (Hämatit), c) als dichter, derber Roteisenstein. Letzterer ist am häufigsten vertreten und findet sich an der Sieg, Lahn, Dill, in Spanien (Sommorostro), Rußland (Krivoi-Rog) und in Nordafrika. Das größte Roteisensteinlager kommt aber am oberen See in Nordamerika vor. Das Roteisensteinorz hat einen durchschnittlichen Eisengehalt von $30—60\%$. Es ist leicht reduzierbar und zeichnet sich durch Phosphor- und Schwefelreinheit aus.

2. **Brauneisenstein** ($2 Fe_2O_3 + 3 H_2O$) ist das verbreitetste Eisenerz. Es ist meistens durch Verwitterung anderer Erze entstanden, hat eine dunkelbraune Farbe und einen braunen Strich. Brauneisenstein kommt nierenförmig als brauner Glaskopf vor, gewöhnlich ist er aber erdig, mulmig oder dicht. Er findet sich im Siegerland, an der Lahn und in Oberschlesien. Die wichtigste Abart des Brauneisensteins ist die Minette, die in Lothringen und Luxemburg in mächtigen Lagern vorkommt und für die deutsche Eisenindustrie von höchster Bedeutung ist. Man unterscheidet eine rote Minette mit überwiegend kieseliger Gangart und eine graue Minette mit kalkiger Gangart. Durch angemessene Vereinigung dieser verschiedenen Möller lassen sich leicht selbstgehende Beschickungen zusammenstellen. Der Brauneisenstein ist gewöhnlich phosphorreich und eignet sich daher zur Erzeugung von Thomaseisen.

3. **Der Spateisenstein** ($Fe CO_3$), dessen Farbe hell- bis dunkelgelb ist, tritt blättrig-kristallinisch auf und kommt im Siegerland, in Kärnten, Ungarn und in Steiermark vor. Er ist sehr rein, zeichnet sich durch seinen Mangan- und geringen Phosphorgehalt aus und wird zu manganhaltigen, phosphorarmen Eisensorten verhüttet, wie Bessemerroheisen, Spiegeleisen und Eisenmanganen.

Ist der Spateisenstein tonhaltig, so heißt er Toneisenstein, oder Sphärosiderit. Dieser kommt in mächtigen Lagern in England vor. In Deutschland ist er nur in kleinen Lagern bei Zwickau und im Waldenburger Kohlengebiet vorhanden.

Ein mit Ton und Kohle vermengter Spateisenstein wird Kohleneisenstein genannt. Er kommt in Schottland vor und wird dort blackband genannt.

4. **Der Magneteisenstein** (Fe_3O_4) ist in der Regel ein sehr reiches und reines Erz, mit etwa 64% Eisengehalt. Magneteisen

kommt in mächtigen Lagern in Schweden (Grängesberg, Gellivara und Kirunavara), im Ural und in Nordamerika vor. In Deutschland wird der Magneteisenstein nur in geringen Mengen am Harz, in Thüringen und in Schlesien gewonnen. Seinen Namen verdankt das Erz dem Umstande, daß seine eisenhaltigen Anteile ferromagnetische Eigenschaften zeigen. Der Magneteisenstein besitzt ein kristallinisches Gefüge und ist deshalb bei seiner Verarbeitung im Hochofen sehr widerstandsfähig gegen die reduzierenden Einwirkungen der Hochofengase, weshalb er nur mit einem höheren Koksaufwande zu verarbeiten ist. Da er meistens einen geringen Phosphorgehalt hat, eignet er sich sehr für die Darstellung phosphorarmen Eisens. Vor der Verhüttung wird er häufig geröstet, wobei er aufgelockert, entschwefelt und zum Teil in das leichter reduzierbare Eisenoxyd (Fe_2O_3) übergeführt wird.

Zur Darstellung des Eisens verwendet man auch die Schlacken, die bei der Herstellung schmiedbaren Eisens entstehen, insbesondere die 45—50% Eisen enthaltenden Puddel- und Schweißschlacken. Die Puddelschlacken, welche 2—7% Phosphor enthalten, werden für die Darstellung von Thomasroheisen besonders stark begehrt. Aber auch Walzensinter, Hammerschlag und Konverterauswürfe, die fast phosphorfrei sind, werden im Hochofen auf Eisen verhüttet, obwohl sie schwerer zu reduzieren sind als Eisenerze.

Nicht weniger wichtig als die Schlacken sind für den Eisenhüttenbetrieb die Kiesabbrände, welche als Nebenprodukte bei der Schwefelsäurefabrikation gewonnen werden. Sie verbleiben als Rückstände beim Rösten des Schwefelkieses und sind meistens reich an Eisen (60%). Ist der Kupfergehalt dieser Abbrände hoch genug, um eine Verarbeitung auf Kupfer lohnend erscheinen zu lassen, so werden die Kiesabbrände einer chlorierenden Röstung unterzogen, worauf sie vermahlen und ausgelaugt werden. Die aus der Kupferextraktion stammenden Aufbereitungsprodukte, die man purple ores zu nennen pflegt, zeichnen sich durch einen geringen Phosphorgehalt von nicht mehr als 0,01% aus, weshalb sie als wertvolle Verhüttungsmaterialien bezeichnet werden müssen.

Zur Gewinnung manganreicher Eisenlegierungen verarbeitet der Hüttenmann Manganerze, von denen die wichtigsten die Manganspate ($MnCO_3$), Manganite (H_2MnO_4) und der Braunstein (MnO_2) sind. Die Manganerze kommen nur in geringen Mengen in Deutschland vor. Sie werden daher zum größten Teil aus dem Auslande (Spanien, Brasilien und Indien) in Deutschland eingeführt und dienen zur Herstellung von Spiegeleisen und Ferromangan.

Nur selten können Erze in dem Zustande verschmolzen werden, wie sie vom Bergwerk kommen. In der Regel bedürfen sie einer Aufbereitung. Die wichtigsten Aufbereitungsarbeiten sind: Das Zerkleinern, Brikettieren, Agglomerieren und das Rösten.

Ein Zerkleinern der Erze in Steinbrechern oder Pochwerken wird ausgeführt, wenn die Erze für den Hochofen zu großstückig sind. Die Zerkleinerung ist nötig, weil große Stücke beim Aufeinanderschichten zu große Zwischenräume bilden, durch welche die reduzierenden Kohlenoxydgase zu schnell hindurchstreichen würden, so daß sie nicht vollkommen ausgenützt werden könnten.

Sehr kleine Erzstücke, und besonders die pulverförmigen Erze können dagegen sehr leicht den Hochofen verstopfen, was schwere Betriebsstörungen im Ofengange zur Folge haben würde. Man kann sie daher nur in kleinen Mengen verhütten und zieht es häufig vor, sie mit einem kalkigem Bindemittel zu versetzen und durch Pressen in Brikettform überzuführen. Die Briketts werden darauf getrocknet und können nun, vermischt mit anderen Erzen, im Hochofen verhüttet werden.

Ein anderes Mittel zur Umwandlung pulverförmiger Erze in Stückform ist das Agglomerieren, das in Drehrohröfen vorgenommen wird. Diese Öfen bestehen aus großen eisernen Trommeln von 30—40 m Länge, die langsam rotieren und in denen das feine Erz durch eine Generatorgasflamme bis zur Sinterung gebrannt wird, so daß es zu kleinen Stücken zusammenbackt. Durch Agglomerieren läßt sich z. B. der Gichtstaub für den Hochofenprozeß nutzbar machen.

Die wichtigste Art der Aufbereitung ist aber das Rösten. Unter Rösten versteht man das Erhitzen der Erze in Schachtöfen bis zur Glühhitze, aber nicht bis zum Schmelzen und bei ungehindertem Luftzutritt. Der Zweck des Röstens kann ein verschiedener sein.

Meistens beabsichtigt man durch das Rösten eine mechanische Auflockerung sehr fester Erze herbeizuführen, denn unter dem Einfluß der Hitze bilden sich in den dichten Stücken Risse, die das Innere des Erzes der Reduktion leichter zugänglich machen.

Aber auch chemische Veränderungen im Erz werden durch das Rösten angestrebt. So wird z. B. Spateisenstein ($FeCO_3$) geröstet, um die Kohlensäure auszutreiben.

$$FeCO_3 = FeO + CO_2.$$

Wenn man diese Arbeit im Hochofen ausführen wollte, so würde diesem dadurch viel Wärme entzogen werden. Man befreit daher meistens schon vorher den Spateisenstein von der

Kohlensäure durch Rösten und hat dann noch den weiteren Vorteil, daß das Gewicht des Erzes hierbei etwa um ein Drittel vermindert wird. Auf diese Weise kann man bedeutend an Kosten für den Transport von der Grube nach dem Hochofenwerk sparen, so daß in vielen Fällen die Ersparnis an Frachtkosten die Unkosten des Röstens ausgleicht.

Das beim Rösten entstehende FeO kann, da es eine nicht mit Sauerstoff gesättigte Verbindung ist, im freien Zustande nicht bestehen. Es verbindet sich vielmehr sofort mit dem Sauerstoff der beim Rösten ungehindert hinzutretenden Luft zu dem leicht reduzierbaren Eisenoxyd (Fe_3O_4), nach der Formel

$$3\,FeO + O = Fe_3O_4.$$

Sämtliche Eisenoxyde, nämlich

$$Fe_2O_3 = Fe_6O_9 = \text{Eisenoxyd}$$
$$Fe_3O_4 = Fe_6O_8 = \text{Eisenoxyduloxyd}$$
$$Fe\,O\ \ = Fe_6O_6 = \text{Eisenoxydul,}$$

von denen das letztere sich sofort an der Luft in eine höhere Oxydationsstufe umwandelt, haben die Eigenschaft dem Magneten zu folgen. Diese Eigenschaft kann man benutzen, um beigemengtes Gestein zu entfernen und damit den Eisengehalt des Erzes anzureichern. Zu diesem Zweck zerkleinert man das Erz zu Pulver und führt es an starken Elektromagneten vorbei, die die Erzkörnchen anziehen und von dem Gestein absondern.

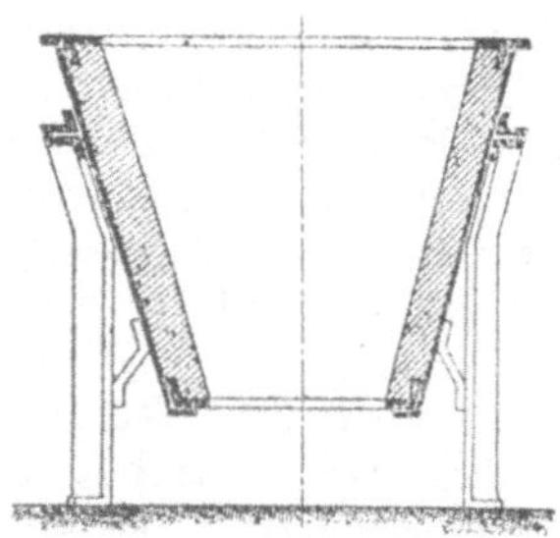

Fig. 14. Röstofen.

Außer dem Spateisenstein werden auch häufig Magneteisensteine, sowie Rot- und Brauneisensteine geröstet, hauptsächlich, um schädliche Bestandteile, wie Schwefel und Arsen auszutreiben.

Die Röstung erfolgt in offenen Schachtöfen (Fig. 14), in denen oben abwechselnd Kohle und Erz aufgegeben werden. Diese rücken in demselben Maße vor, wie die Steinkohle verbrannt und geröstetes Erz vom Schüttkegel unter dem Ofen abgezogen wird.

Brennstoffe. Als Brennstoffe kommen für den Hochofenbetrieb nur Holzkohle und Koks, in seltenen Fällen auch Anthrazit · in Frage. Holzkohle ist ein sehr reiner Brennstoff, der völlig frei von Schwefel ist und nur wenig Asche enthält. Die Holzkohle ist aber teuer, so daß der Betrieb von Holzkohlenhochöfen nur in sehr holzreichen Gegenden, wie Steiermark, Schweden und

Ungarn wirtschaftlich ist. Das in diesen Hochöfen dargestellte Holzkohlenroheisen ist sehr rein, und daher sehr fest, aber auch teuer; es wird zur Herstellung wertvoller Stahlsorten verwendet.

In der Regel wird Hüttenkoks als Brennmaterial für den Hochofen verwendet. Guter Hochofenkoks soll möglichst schwefelfrei sein, nicht über 9% Asche enthalten und porös sein, um den im Hochofen aufsteigenden Gasen einen glatten Durchgang zu gestatten. Ferner muß der Koks große Festigkeit besitzen, damit er nicht unter der Last der darüber liegenden Schichten zerdrückt wird.

Vereinzelt wird in Amerika auch Anthrazit, teils roh, teils mit Koks gemischt, als Brennmaterial für den Hochofenprozeß verwendet.

Im Hochofen dient der Brennstoff aber nicht nur als Heizmaterial, sondern auch als Reduktionsmittel, indem er dem Erz den Sauerstoff entzieht. Dieser Vorgang beruht darauf, daß der Sauerstoff bei hoher Temperatur eine größere Verwandtschaft zum Kohlenstoff als zum Eisen besitzt.

Zuschläge. Um die den Erzen fast immer beigemengten Gang- und Bergarten, sowie die Asche des Brennstoffes leichter schmelzbar zu machen, und um zu verhindern, daß der im Brennstoff und im Erz enthaltene Schwefel in das Eisen geht, werden den Erzen Zuschläge beigegeben. Diese bestehen gewöhnlich aus ungebranntem Kalkstein ($CaCO_3$) oder Dolomit ($CaCO_3 + MgCO_3$), weil die Gangarten der meisten Erze Quarz (SiO_2) und Tonerde sind. Der als Zuschlag zu verwendende Kalkstein soll möglichst rein sein; einen Gehalt an Magnesia sieht man ungern, weil er die Schlacke strengflüssig macht. Will man eine sehr leicht schmelzbare Schlacke erhalten, so setzt man Flußspat zu. Einige Erze, insbesondere die Spateisensteine, die bereits Flußspat enthalten, liefern aus diesem Grunde sehr leichtflüssige Schlacken.

Die Schlacken haben einen dreifachen Zweck zu erfüllen: 1. dienen sie zur Entfernung der Verunreinigungen, 2. zur Vereinigung der bei der Reduktion entstandenen Eisenteilchen, und 3. schützen sie in der Verbrennungszone das Eisen vor der oxydierenden Wirkung des Windes.

Der Gebläsewind. Zur Verbrennung des Kokses müssen große Mengen Luft, hüttenmännisch Wind genannt, dem Hochofen zugeführt werden. Man rechnet, daß zur Erzeugung von 1 t Roheisen etwa 1 t Koks erforderlich ist, die zur Verbrennung etwa 3200 cbm Wind gebraucht. Demnach bedarf ein mittlerer Hochofen mit einer Produktion von 250 t in 24 Stunden etwa 600 cbm Wind pro Minute. Diese bedeutende Windmenge muß mit einer Spannung von 0,3 bis 0,6 at durch den Hochofen hindurchgedrückt werden, da die hohe Beschickungssäule dem Winde einen großen Widerstand entgegensetzt.

Die Windbeschaffung erfolgt gewöhnlich durch doppelt wirkende Kolbengebläse, welche in den beiden Zylinderköpfen selbsttätige Ringventile besitzen; in neuerer Zeit aber auch durch Turbogebläse. Der Wind wurde früher in kaltem Zustande in den Hochofen geblasen. Nachdem aber Faber du Faur in Wasseralfingen im Jahre 1829 in dem Gichtgase einen für die Erwärmung des Windes sehr geeigneten Brennstoff gefunden hatte, ging man dazu über, den Wind vor dem Eintritt in den Hochofen zu erwärmen. Diese Erwärmung des Windes, durch welche dem Hochofen eine große Wärmemenge nutzbringend zugeführt wird, erfolgt in steinernen Winderhitzern, die auch Cowper-Apparate genannt werden. Heute wird, abgesehen von einzelnen Fällen bei gestörtem Betriebe, nur mit heißem Winde geblasen, der je nach der Art des erzeugenden Roheisens im Winderhitzer auf 300 bis 800° erhitzt wird.

Die Cowper-Apparate (Fig. 15) bestehen aus einem Blechzylinder von 6—8 m Durchmesser und 20—35 m Höhe mit halbkugeliger Kuppel. Im Innern des Apparates befindet sich ein runder oder elliptischer Ver-

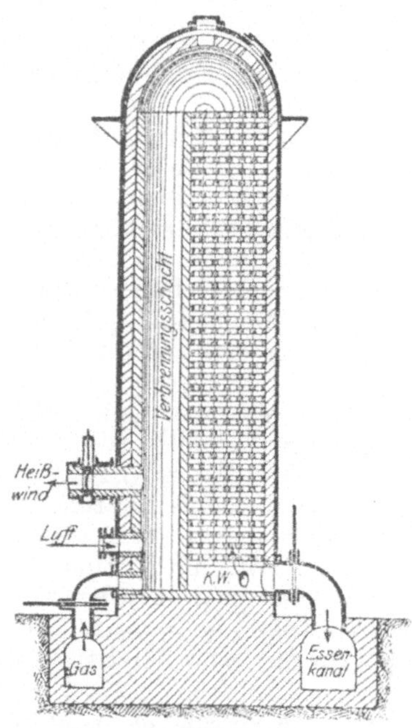

Fig. 15. Winderhitzer.

brennungsschacht, während der übrige Raum mit einem Gitterwerk aus feuerfesten Steinen ausgesetzt ist. Zur Herstellung des Gitterwerkes können gewöhnliche Schamottesteine oder auch Formsteine Verwendung finden, die so gestaltet sind, daß sie beim Zusammensetzen zweckmäßige Heizkanäle ergeben.

Durch das Gasventil tritt gereinigtes Gichtgas, durch den Luftschieber Luft in den Verbrennungsschacht, wo beide sich mischen und verbrennen. Die heißen Gase geben ihre Wärme an das Gitterwerk ab und ziehen durch das Kaminventil in den

Fuchs und Schornstein. Nach etwa 2 Stunden ist das Gitterwerk weißglühend geworden. Alsdann leitet man das Gas in den nächsten Winderhitzer, indem man alle genannten Ventile schließt und den Kaltwindschieber öffnet. Der hier eintretende kalte Gebläsewind erwärmt sich an den heißen Steinen auf etwa 800° und wird durch den ebenfalls vorher geöffneten Heißwindschieber in die Heißwindleitung und weiter in die Düsen gedrückt. Nach etwa einer Stunde hat der kalte Wind den Cowper-Apparat so weit abgekühlt, daß ein Umschalten auf einen anderen frisch geheizten Apparat erforderlich ist. Da die Heizperiode etwa 2 Stunden, die Blaseperiode aber nur 1 Stunde dauert, so sind für den Dauerbetrieb eines Hochofens mindestens 3 Winderhitzer notwendig, von denen einer auf Wind zwei auf Gas gehen. Außerdem sind ein oder zwei Apparate zur Reserve erforderlich, so daß jeder Hochofen 4—5 Winderhitzer bedarf.

Nach dem Verfahren von Gayley kann man den Wärmeaufwand zur Erwärmung des Windes dadurch verringern, daß man dem Winde vor dem Eintritt in den Winderhitzer den größten Teil seines Feuchtigkeitsgehaltes entzieht. Dies geschieht durch Abkühlen des Windes in Kältemaschinen. Wird Luft von $+ 25°$ C auf $- 5°$ C abgekühlt, so sinkt ihr Wassergehalt von 15 g auf 3 g pro cbm, wodurch eine bedeutende Ersparnis an Heizgas erzielt wird.

B. Der Hochofen und sein Betrieb.

Die Innengestalt des Hochofens und seine Ausrüstung. Der Hochofen (Fig. 16) ist ein Schachtofen von 25—30 m Höhe, dessen Innenraum in der Hauptsache aus zwei übereinander stehenden, abgestumpften Kegeln, die sich mit ihren breiten Grundflächen berühren und einem kurzen Zylinder besteht, der sich unten anschließt. Der obere Kegel heißt der Schacht, sein höchster Teil führt den Namen Gicht; hier werden die Schmelzstoffe: Erz, Koks und Zuschläge eingefüllt. Um diese Arbeiten ausführen und überwachen zu können ist die Gicht von einer Arbeitsbühne, der Gichtbühne, umgeben. Der Schacht wird kegelig ausgeführt, um die Reibung der von oben allmählich niedergehenden Schmelzstoffe an den Wänden zu verringern und um ein ungleichmäßiges Herabgleiten der Beschickung zu vermeiden. An den Schacht schließen sich nach unten an: der Kohlensack, die Rast und das Gestell. Im Kohlensack, der zylindrisch verläuft, beginnen die festen Stoffe unter dem Einfluß der Hitze zu sintern, wodurch ihr Volumen verkleinert wird. Da ferner etwas tiefer der Koks verbrennt, macht man im Verhältnis zu dieser Volumenverkleinerung den Querschnitt der Rast nach unten allmählich enger. Das Gestell ist ein zylindrischer Raum, der in seinem unteren Teile, dem Herde, das flüssige Eisen und die Schlacke aufzunehmen hat.

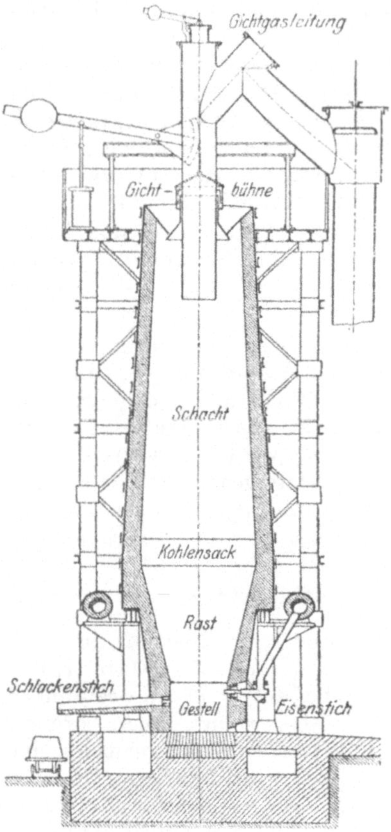

Im oberen Teile des Gestelles wird dem Hochofen durch die Windformen der heiße Wind zugeführt. Hier ist die Verbrennung am lebhaftesten. Alles, was vorher noch fest war, verflüssigt sich und tropft in das Gestell. Am Boden des Herdes befindet sich eine Abflußöffnung, der Eisenstich, etwas darüber eine zweite, der Schlackenstich. Den unteren Abschluß des Hochofens bildet der Bodenstein, der das Gestell und die Rast trägt.

Die Wände des Hochofens werden aus feuerfesten Schamotte- oder Kohlenstoffsteinen ausgemauert. Diese müssen nicht nur den hohen Hitzegraden, sondern auch den chemischen und physikalischen Einwirkungen der mit ihnen in Berührung kommenden schmelzenden Stoffe widerstehen können. Früher schloß man den Kernschacht in ein dickes Mauerwerk, das sog. Raugemäuer, ein, das den Ofen stützen, und die Wärme zusammenhalten sollte. Diese

Fig. 16. Hochofen.

Konstruktion hatte aber den Nachteil, daß die Steine des Gestelles durch die große Hitze sehr schnell zerstört wurden. Deshalb baut man heute den Ofen nur so stark, als es der Festigkeit wegen notwendig ist und sucht diese noch dadurch zu erhöhen, daß man außen eiserne Ringe um den Ofen zieht. Diese Konstruktion gewährt den Vorteil, daß durch die Kühlwirkung der Außenluft das Mauerwerk vor schneller Zerstörung geschützt wird, und daß man während des Betriebes den Ofen von außen ausbessern kann. Seit der Einführung des vorgewärmten Windes hat sich außerdem eine stärkere Kühlung der Ofenwände durch fließendes Wasser als erforderlich erwiesen. Zu diesem Zweck werden in die Ofenwände zahlreiche Kühlkästen eingebaut.

Um das Gestell zu entlasten setzt man den Schacht auf einen besonderen eisernen Tragring auf, der von eisernen Säulen gestützt wird und baut auch die Gichtbühne unabhängig vom Hochofen auf einem besonderen Eisengerüste auf.

Der Wind wird von der Gebläsemaschine durch den Winderhitzer in die Heißwindleitung gedrückt, die rings um die Rast des Hochofens herumläuft und mit feuerfesten Steinen ausgemauert ist. An diese schließen sich 6÷12 Düsenstöcke mit den zugehörigen Winddüsen an, welche in die doppelwandigen aus Bronze gefertigten Formkästen münden. Diese ragen zum Teil in den Ofen hinein (Fig. 17) und müssen daher ausgiebig durch fließendes Wasser gekühlt werden.

Etwas unterhalb der Windformen sitzt die sog. L ü r m a n n sche Schlackenform, die ebenfalls aus einem

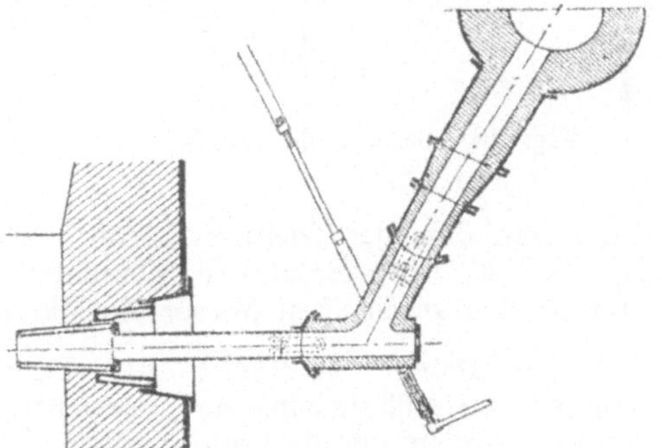

Fig. 17. Knierohr mit Düse.

durch Wasser gekühlten Bronzekasten besteht, und die Aufgabe hat, die Schlacke abzuführen.

Oben auf der Ofenmündung sitzt ein Zuführungstrichter für die Gichten, durch dessen Mitte ein weites Rohr die Gichtgase fortleitet. Der Trichter wird durch die Langensche Glocke (Fig. 18) oder durch den Parryschen Trichter (Fig. 19) abgeschlossen. Diese Abschlußvorrichtungen hängen mit Ketten an einem langen Hebel, der am andern Ende ein Gegengewicht trägt. Wird die Abschlußvorrichtung geöffnet, so wird ein Spalt frei, durch den die Gichten in das Ofeninnere hinabgleiten. Eine Abdichtung zwischen der Abschlußvorrichtung und dem Gasrohr erfolgt durch eine Wassertasse, in welche der innere Rand der Abschlußvorrichtung hineintaucht. Um aber auch beim Öffnen des Verschlusses zwecks Einfüllung der Beschickung Gasverluste zu vermeiden, ordnet man häufig zwei übereinander liegende, in ihren Bewegungen voneinander unabhängige Gichtverschlüsse an, die nacheinander geöffnet werden. Der Trichter, dem das Material gewöhnlich mittelst eines Schrägaufzuges durch Wagen zugeführt wird, ist auf dem Ofen drehbar angeordnet, so daß das Material gleichmäßig über den Umfang des Trichters verteilt werden kann.

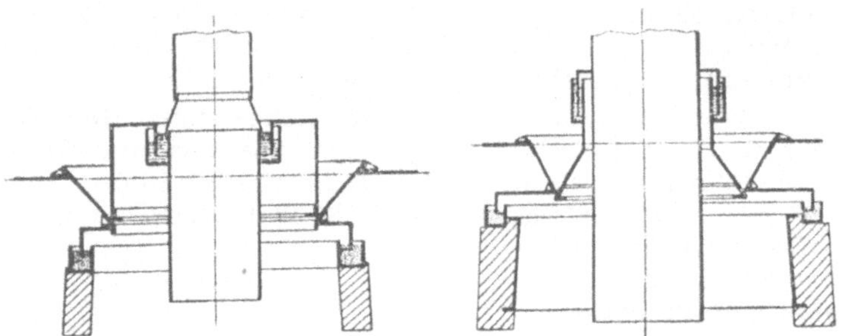

Fig. 18. Langensche Glocke.   Fig. 19. Parryscher Trichter.

Erst nachdem der Trichter durch eine Erz- oder Koksgicht angefüllt ist, wird der untere Verschluß geöffnet und die gesamte Menge des angehäuften Materials stürzt in den Ofen.

Der Betrieb des Hochofens. Ist ein Hochofen neu erbaut worden, so muß er zunächst vorsichtig ausgetrocknet und angewärmt werden, um die Feuchtigkeit aus den Fugen zu entfernen. Dies geschieht durch eingehängte Körbe mit glühendem Koks. Dann setzt man die Formen und Düsen ein, und füllt den Ofenraum bis zu einem Drittel mit Koks an. Darauf gibt man schwache Schichten von Kalk, Erz, alter Hochofenschlacke und Koks. Sobald der Hochofen gefüllt ist, wird der Koks entzündet und die Windpressung gesteigert, bis nach etwa 3 Tagen der Ofen sich in regelrechtem Gange befindet.

Nur wenige Eisenerze haben eine passende Zusammensetzung von Kieselsäure und Kalk als Gangart, so daß sie für sich allein auf Roheisen verschmolzen werden können; sie heißen selbstgehende Erze. Gewöhnlich müssen zur Erzeugung einer bestimmten Roheisensorte mehrere Erzsorten gemischt (gattiert) und entsprechende Zuschläge gegeben werden. Das fertige Gemisch der Erze und Zuschläge nennt man Möller. Bei den heutigen großen Hochöfen werden die mit Erz und Zuschlag gefüllten Förderwagen unmittelbar in den Ofen gestürzt; man möllert dann im Ofen selbst. Die ganze auf einmal in den Ofen aufgegebene Menge Möller heißt eine Gicht. Man unterscheidet Erz- und Koksgichten.

Jeder Erzgicht (15 t) geht eine Koksgicht (3—7 t) voraus und so wechseln beide solange miteinander ab, als der Hochofen im Betriebe ist. Wird nur Brennstoff aufgegeben, so arbeitet man mit leeren Gichten.

Der Brennstoff verbrennt in der Glut des Hochofens und schmilzt den Möller, so daß die Massen im Ofenraum allmählich nach abwärts sinken. Sie unterliegen auf diesem Wege chemischen Veränderungen und sammeln sich unten im Gestell als Eisen und Schlacke an. Wenn das Eisen etwa bis zur Höhe der Schlackenform angestiegen ist, wird es abgestochen. Mit Hilfe einer Brechstange wird der Tonpfropfen, der das Stichloch verschließt, durchgestoßen und das Eisen fließt nun mit großer Gewalt durch Rinnen in die Sandformen der dicht neben dem Hochofen befindlichen Gießhalle, wo es zu Masseln erstarrt. Die Masseln werden nach dem Erkalten mit einem Vorschlaghammer zerschlagen und dann an Eisengießereien verkauft, welche das Roheisen im Kupolofen umschmelzen, um daraus Maschinengußteile herzustellen. Sobald die Masseln aus der Gießhalle entfernt sind, wird diese für einen zweiten Abstich vorbereitet, der nach 4—6 Stunden erfolgen kann. Bei jedem Abstich gewinnt man 30—50 000 kg Roheisen.

Wenn im Hochofen aber Frischereiroheisen erblasen wird, so läßt man es in der Regel nicht zu Masseln erstarren, sondern sticht es in Pfannen ab und bringt es in flüssigem Zustande in den Mischer, bzw. in das Stahlwerk.

Nach beendetem Abstich wird das Stichloch des Hochofens durch einen Tonpfropfen wieder verschlossen, der durch die Stichlochstopfmaschine hineingepreßt wird.

Die Schlacke fließt, abgesehen von einer kurzen Unterbrechung, nach jedem Eisenabstich ständig durch die Schlackenform ab.

Soll der Hochofen stillgesetzt, gedämpft, werden, was z. B. bei einem Streik vorkommen kann, so gibt man reichliche Brennstoffgichten, stellt den Wind ab, sticht das flüssige Roheisen ab und verschließt dann alle Öffnungen luftdicht. Die Glut hält im Ofen viele Monate an.

Die Arbeitsdauer eines Hochofens (Hochofenreise) dauert 5—20 Jahre. Beim Ausblasen des Ofens gibt man erst Schlacken, dann Kalkgichten und sticht das letzte Roheisen ab. Der Kalkstein wird nun gebrannt und kann schließlich als gebrannter Kalk aus dem Hochofen herausgenommen werden.

Die chemischen Vorgänge im Hochofen. Der in den Hochofen eintretende warme Gebläsewind stößt vor den Formen auf den glühenden Brennstoff. Während der Stickstoff des Windes unverändert durch den Hochofen streicht, verbrennt der Sauerstoff den Brennstoff zu Kohlensäure

$$C + 2O = CO_2$$

Die letztere wird aber bei einer Temperatur über 1050^0, wie sie im Gestell vorhanden ist, durch den glühenden Brennstoff sofort in Kohlenoxyd zerlegt.

$$CO_2 + C = 2\,CO$$

Während das Kohlenoxydgas nach oben steigt, sinkt die Beschickung langsam nach unten und erfährt auf diesem Wege in den verschiedenen Zonen des Ofens, die mit Vorwärm-, Reduktions- und Schmelzzone bezeichnet werden, mannigfache physikalische und chemische Veränderungen.

Im oberen Drittel des Schachtes, in der Vorwärmezone, findet die Vorwärmung der Beschickung und die Austreibung des hygroskopisch und chemisch gebundenen Wassers statt.

Dann gelangt die Beschickung in die Reduktionszone, wo bei einer Temperatur von etwa 800^0 die indirekte Reduktion der Erze durch Kohlenoxyd stattfindet. Die Entziehung des Sauerstoffes erfolgt hier ganz allmählich, und zwar um so kräftiger, je höher die Temperatur steigt. So wird Eisenoxyd zunächst in Oxyduloxyd, dann in Oxydul und schließlich in reines Eisen umgewandelt.

$$3\,Fe_2O_3 + CO = CO_2 + 2\,Fe_3O_4$$
$$Fe_3O_4 + CO = CO_2 + 3\,FeO$$
$$Fe\,O + CO = CO_2 + Fe$$

Da aber die Temperatur in dieser Zone nicht hinreicht, um reines Eisen zu schmelzen, so nimmt dieses eine schwammige Beschaffenheit an. Neben der Reduktion findet in dieser Zone noch eine Zerlegung von Kohlenoxyd in Kohlenstoff und Kohlensäure statt nach der Gleichung:

$$2\,CO = C + CO_2$$

Der hierbei gebildete Kohlenstoff scheidet sich in fester, aber ganz fein verteilter Form auf dem niedersinkenden schwammigen Eisen ab und wird von diesem gierig aufgesaugt. So entsteht eine Legierung von Eisen und Kohlenstoff, das technisch verwertbare Eisen.

$$2\,CO + 3\,Fe = Fe_3C + CO_2$$

Durch die Kohlung wird aber die Schmelztemperatur des Eisens so weit erniedrigt, daß das Metall in der nun folgenden

Schmelzzone bei einer Temperatur von 11—1400° vollkommen flüssig wird und in den Herd fließt, wo es sich ansammelt.

Demnach unterscheidet man:

1. die indirekte Reduktion durch Kohlenoxyd,
2. die direkte Reduktion durch den glühenden Koks.

Da die direkte Reduktion aber 5—6 mal so viel Wärme erfordert als die indirekte, so ist der Hüttenmann bestrebt, das Erz möglichst indirekt durch Kohlenoxyd zu reduzieren. Dies ist aber in vollem Umfange nur möglich bei den leicht reduzierbaren Erzen, zu denen z. B. die Kiesabbrände gehören. Schwerer reduzierbare Erze, wie geröstete Magneteisensteine, lassen sich nur teilweise indirekt reduzieren, während schwer reduzierbare Verbindungen, wie Puddel- und Schweißofenschlacken nur durch die direkte Reduktion reduziert werden können.

$$FeSiO_3 + 3\ C = Fe + Si + 3\ CO$$

Auch die Zuschläge und Gangarten der Erze erfahren bei ihrem Durchgange durch den Hochofen eine chemische Veränderung. In der Reduktionszone wird der Kalkstein gebrannt und verliert dabei seine Kohlensäure.

$$CaCO_3 = Ca\,O + CO_2$$

Für diese Zerlegung ist viel Wärme erforderlich, die den oberen Schichten in der Reduktionszone entzogen wird. Die hier eintretende Abkühlung hat insofern einen günstigen Einfluß auf den Hochofenprozeß, als dadurch verhindert wird, daß eine vorzeitige Verschlackung der Erze herbeigeführt wird. Tritt diese dennoch ein, so nennt man diese Erscheinung Oberfeuer. Die Folge dieser vorzeitigen Verschlackung ist, daß die Reduktion nunmehr in der Schmelzzone durch den glühenden Koks erfolgen muß.

Die Bildung der Schlacke darf erst nach der Reduktion der Metalloxyde, also in der Schmelzzone erfolgen. Bei der dort befindlichen hohen Temperatur wirken die basischen Zuschläge, Kalk und Dolomit auf die Kieselsäure und Tonerde der Erze ein und bilden leicht schmelzbare Tonerdesilikate, die .Schlacken. Diese sind für die Ausbringung des Metalles sehr wichtig, denn sie umhüllen jeden einzelnen sich bildenden Eisentropfen und schützen ihn so beim Durchgang durch die Schmelzzone vor der oxydierenden Wirkung des Gebläsewindes.

Auch die wichtigsten Beimengungen der Eisenerze, wie Mangan, Phosphor und Schwefel, sowie Silizium, das von den quarzhaltigen Verunreinigungen der Erze herrührt, gehen erst durch die direkte Reduktion in der Schmelzzone in das Eisen über und zwar Phosphor ganz, Mangan in größerer Menge, Silizium aber nur bei hohen

Temperaturen, die man durch Erhöhung des Kokssatzes erzielen kann. Man hat es daher in der Hand durch Veränderung der Beschickung und der Ofentemperatur die Höhe des Gehaltes an diesen Beimengungen so zu regeln, daß eine ganz bestimmte Roheisensorte erzeugt wird.

Die Überwachung des Schmelzganges. Um den Ofen in unverändertem Gange zu erhalten ist es erforderlich, daß andauernd ebensoviel Wärme erzeugt wie verbraucht wird. Die Menge der zur Verfügung stehenden Wärme ist abhängig von der Menge des in der Zeiteinheit verbrannten Kokses und von der Temperatur des Gebläsewindes; diese Wärme wird verbraucht für die Vorwärmung der Beschickung und die Verdampfung des darin befindlichen Wassers, ferner zur Reduktion der Eisenerze und zur Schmelzung des Möllers. Wird in der Zeiteinheit mehr Wärme erzeugt als verbraucht, so bekommt der Ofen einen heißen Gang, wobei Silizium aus der Schlacke reduziert und graues Roheisen erzeugt wird. Ist aber das Verhältnis umgekehrt, so sinkt die Temperatur des Ofens und es entsteht ein kälterer Ofengang, wobei weißes Roheisen erzeugt wird. Die Betriebsführung wird durch den Umstand erschwert, daß etwaige Einwirkungen auf den Ofengang durch eine Veränderung im relativen Mengenverhältnis zwischen Brennstoff und zu verschmelzendem Material nur oben an der Gicht beim Einfüllen der Materialien ausgeübt werden können, und daß deren Einwirkungen sich immer erst dann geltend machen, wenn diese Materialien in das Gestell des Ofens gelangt sind, also erst nach einem Zeitraum von 12—20 Stunden. Man nennt diese Zeit die Durchsatzzeit; sie wird verkürzt, wenn der Ofengang durch Einführung von viel Wind beschleunigt wird, verlängert, wenn weniger Wind in der Zeiteinheit zugeführt wird. Da aber der Ofen dann am vorteilhaftesten arbeitet, wenn möglichst viel Eisen im Tage erzeugt wird, so wird man nur ungern zu einer Beschränkung der einzublasenden Windmenge schreiten. Andererseits führt eine Vermehrung der Windmenge über das der Ofengröße günstigste Maß hinaus zu einem Anwachsen des Brennstoffverbrauches, denn die rascher niederrückenden Erze gelangen weniger vorbereitet in den Schmelzraum und müssen nun durch Kohle statt durch Kohlenoxyd reduziert werden.

Der Hüttenmann prüft fortlaufend die Schlacken- und Roheisenbeschaffenheit, um alle eintretenden Abweichungen des regelrechten Ganges sofort korrigieren zu können. Der Schmelzprozeß verläuft regelrecht, wenn Ende der Reduktion und Beginn der Schmelzung zusammenfallen. Der Ofen hat alsdann Gargang. Dieser kennzeichnet sich durch ein flüssiges Roheisen, eine ebensolche Schlacke von lichter Farbe, sowie durch klare und helle Formen. Durch zu großen Erzsatz oder durch zu nasse Erze kann die Reduktion unvollständig werden. Dann treten Eisenverbindungen in die Schlacke über und färben diese schwarz. Der Ofen bekommt Rohgang. Dieser ist am dickflüssigen Eisen zu erkennen, das beim Abstich lebhaft Funken sprüht, sowie an den roten und dunklen Formen. Durch Vergrößerung der Brennstoffmenge sucht man den Rohgang in Gargang überzuführen.

Auch andere Störungen kommen im Hochofenbetriebe vor: z. B. können die Gichten ungleichmäßig niedergehen; die Gichten hängen. Stürzen sie dann plötzlich nieder, so können Explosionen vorkommen. Um diese unschädlich zu machen, werden an den Gasleitungsrohren zahlreiche Explosionsklappen eingebaut.

C. Die Erzeugnisse des Hochofens.

Das Haupterzeugnis des Hochofens ist das Roheisen; als Nebenerzeugnisse kommen Schlacke und Gichtgase in Betracht.

Roheisen.

Nach dem Bruchaussehen teilt man das Roheisen ein in graues Roheisen, mit körnigem, kristallinischen Gefüge und in weißes Roheisen mit strahligem, dichten Gefüge.

Nach seiner Herstellungsweise unterscheidet man Holzkohlenroheisen und Koksroheisen. Das letztere, welches für die Massenproduktion allein in Frage kommt, kommt in Form von Masseln in den Handel, die zur Erleichterung der Zerstückelung mit eingegossenen Kerben versehen sind.

Roheisen ist als Baustoff nicht verwendbar, da es noch zu viel Verunreinigungen besitzt. Es ist aber das Ausgangsprodukt für alle Eisensorten. Nach der Verwendung teilt man das Roheisen ein in

1. Gießereiroheisen

2. Frischereiroheisen: Hierzu gehören das Puddel-, Bessemerund Thomasroheisen.

3. Spezialroheisen mit hohem Mangan-, bzw. Siliziumgehalt; hierzu gehören Spiegeleisen, Ferromangan, Ferrosilizium und Silikospiegel.

Nach Wedding kann die ideale Anordnung der Roheisenarten in Form einer Ellipse erfolgen, wie nachstehend gezeigt.

Silikospiegel.

Ferromangan	**Ferrosilizium**
20 bis 80% Mn	5 bis 20% Si.
5 bis 6% C.	

Spiegeleisen	**Tiefgraues Roheisen**
20 bis 4,5% Mn	3 bis 5% Si
5% am. C	3 bis 4% C
0,1 bis 0,8% Si.	($^7/_{10}$ Graphit).

Weißstrahl	**Graues Roheisen**
4,5 bis 1,5% Mn	0,5 bis 3% Si
3 bis 5% am. C	3 bis 3,5% C
0,3 bis 1,2% Si.	($^6/_{10}$ Graphit.)

Thomasroheisen	**Bessemerroheisen**
$> 2\%$ Mn	$> 1{,}5$ bis 2% Si
$< 0{,}5\%$ Si	$< 0{,}1\%$ P.
1,5 bis 3% P.	

Weißkorneisen	**Lichtgraues Roheisen**
$< 1{,}5\%$ Mn	$< 0{,}5\%$ Wi
2,3 bis 3% am. C	2,3 bis 3% C
1 bis 2% Si.	$^3/_{10}$ Graphit.

Stark - Schwach

Halbiertes Roheisen.

Graues Roheisen. Graues Roheisen entsteht, wenn die Schlacke sauer ist, also viel Kieselsäure enthält. Bei seiner Darstellung läßt man den Hochofen sehr heiß gehen, so daß durch den Koks aus der Schlacke auch Silizium reduziert wird und ins Eisen übergeht. Das Silizium bewirkt dann beim Erkalten die Ausscheidung des Graphits. Ist die Schlacke sehr sauer und die Temperatur sehr hoch, so bildet sich Ferrosilizium.

Neben der chemischen Zusammensetzung des Roheisens spielt aber auch die Schnelligkeit der Abkühlung eine große Rolle, denn je rascher die Abkühlung erfolgt, desto geringer ist die Graphitbildung und umgekehrt. Es läßt sich daher aus ein und derselben flüssigen Masse nach Belieben entweder graphitärmeres oder auch graphitreicheres Roheisen erzeugen. Sind die Graphitblättchen klein, so ist das Gefüge des Eisens feinkörnig und seine Farbe hellgrau. Hatten aber die Graphitkristalle infolge langsamen Abkühlens Zeit zur Ausbildung, so ist das Gefüge grobkristallinisch und der Bruch dunkelgrau. Durch die Ausscheidung von Graphit lockert sich das Gefüge des Roheisens und verringert sich dessen Festigkeit, während seine Sprödigkeit gemildert und seine Bearbeitungsfähigkeit durch schneidende Werkzeuge erhöht wird.

Das graue Roheisen, welches auch Gießereiroheisen genannt wird, wird zwecks Reinigung im Kupolofen umgeschmolzen und führt dann den Namen Gußeisen. Dieses ist sehr dünnflüssig und hat die Eigenschaft, sich im Augenblick des Erstarrens auszudehnen, weshalb es zur Erzeugung von Gußstücken in Formen benutzt wird. Dieser Guß findet, da er sich leicht bearbeiten läßt, besonders im Maschinenbau vielfache Anwendung und heißt daher Maschinenguß. Da aber Gußeisen spröde ist und nur geringe Zugfestigkeit besitzt, so kann Gußeisen nur für gering beanspruchte Teile verwendet werden, die vor allem keine Stöße aufzunehmen haben. Sind die Gußstücke in offenen Formen, oder in Sand, Masse oder Lehm geformt, und sollen sie nach dieser Art der Herstellung besonders gekennzeichnet werden, so nennt man sie Herdguß, Sand-, Masse- oder Lehmguß.

Werden dem Roheisen beim Umschmelzen im Kupolofen Stahlabfälle zugesetzt, so erhält man ein kohlenstoffarmes, hochwertiges Gußeisen von hoher Festigkeit, das für stark beanspruchte Maschinenteile, darunter auch solche großer Abnutzungshärte, verwendet wird.

Wenn man graues oder halbiertes Eisen in metallenen Formen rasch erkalten läßt, so hat hier der Kohlenstoff keine Zeit sich als Graphit auszuscheiden; er bleibt im Eisen als Härtungskohle gelöst. So entsteht der Hartguß, dessen Oberfläche aus hartem, weißen Eisen und dessen Kern aus grauem Eisen besteht. Der Hartguß wird wegen seiner Härte zu Zerkleinerungsmaschinen, Walzen und Panzertürmen verwendet.

Das Bessemer-Roheisen, welches zur Erzeugung von Flußeisen nach dem Bessemerverfahren dient, ist ein graues, hochsiliziertes Eisen ($2-3\%$ Si) mit weniger als $0,08\%$ Phosphor, das im Hochofen bei heißem, garen Gange leicht erzeugt werden kann. Da aber bei hoher Temperatur viel Phosphor vom Eisen aufgenommen wird, so läßt sich Bessemerroheisen nur aus phosphorfreien Erzen herstellen, wie sie in Bilbao, Elba und Cumberland vorkommen.

Auch das Hämatit-Roheisen, das für gewisse Zwecke der Eisengießerei besonders gut geeignet ist, ist ein phosphorarmes ($0,1\%$ P) graues Roheisen, das sich nur aus den genannten Erzen herstellen läßt.

Weißes Roheisen. Weißes Roheisen ist arm an Silizium und reich an Mangan. Dieses sucht den Kohlenstoff an das Eisen

4*

chemisch zu binden und verhindert daher die Ausscheidung desselben als Graphit. Ein solches Eisen hat einen weißen Bruch und ist so hart und spröde, daß es sich fast gar nicht bearbeiten läßt. Der gebundene Kohlenstoff läßt sich aber im Frischprozeß leicht entfernen, und das Mangan verbindet sich mit Schwefel leicht zu einer dünnflüssigen Schlacke von Schwefelmangan, weshalb man das weiße Roheisen ausschließlich zur Erzeugung von Schmiedeeisen und Stahl verwendet.

Weißes Roheisen entsteht, wenn die Schlacke basisch ist, d. h. wenig Silizium aber viel Kalk enthält. Alsdann kann nur wenig Silizium ins Eisen gehen, und zugleich verhindert der hohe Kalkgehalt der Schlacke, daß das Mangan in die Schlacke geht. Je nach dem Mangangehalt der verhütteten Erze und Zuschläge und dem Kalkgehalt der Schlacke entsteht weißes Roheisen, Weißstrahleisen, Spiegeleisen oder Ferromangan. Weißstrahleisen mit 4—6% Mn dient als Rohmaterial für den Puddelprozeß, während Spiegeleisen mit 9—20% Mn und Ferromangan mit 25 bis 88% Mn als Kohlungs- und Desoxydationsmittel bei der Flußeisendarstellung Verwendung finden.

Ferrosilizium läßt sich im Hochofen mit einem Gehalt bis zu 17% Si herstellen. Es enthält nur wenig Kohlenstoff, ist weiß, aber ohne Anlauffarben und Spiegel, und wird in der Stahlindustrie gleichfalls als Desoxydationsmittel gebraucht.

Thomas-Roheisen ist ein weißes Roheisen mit einem Phosphorgehalt von zwei und mehr Prozent, welches aus phosphorreichen Erzen erblasen wird. Um dieses zu erzeugen braucht der Hochofen nicht besonders heiß zu gehen. Man kann vielmehr seine Temperatur so niedrig halten, als es die Schmelzbarkeit der Schlacken eben gestattet, weil bei jedem Gange fast sämtliche Phosphorsäure, die sich in den Erzen befindet, in das Eisen übergeführt wird. Thomas-Roheisen läßt sich daher mit einem geringeren Koksverbrauche, also billiger und in einer geringeren Durchsatzzeit herstellen als die gleiche Menge Bessemer-Roheisen, das, um die Kieselsäure zu reduzieren, einen langsamen Gang des Ofens erfordert. Das Thomas-Roheisen ist aber stets reich an Schwefel, denn trotz Anwendung einer kalkreichen Schlacke läßt sich bei kaltem Gange des Hochofen, nur etwa die Hälfte des Schwefels verschlacken. Man muß daher das Thomasroheisen, bevor man es auf Schmiedeeisen verarbeiten kann, zunächst in einen Mischer überführen, wo es entschwefelt wird.

Die Leistungsfähigkeit eines Hochofens hängt nicht nur von seiner Größe, sondern auch von dem Eisengehalt des Möllers und von der Art des erblasenen Roheisens ab. So kann man z. B. in derselben Zeit, die erforderlich ist um 100 t weißes Roheisen zu erzeugen, nur 80 t graues Roheisen oder 70 t Spiegeleisen erblasen, weil diese Eisensorten eine längere Durchsatzzeit haben. Moderne Hochöfen erzeugen täglich 200—300 t Roheisen.

Die Schlacke. Die Hauptbestandteile der Schlacke sind Kalk- und Tonerdesilikate. Je nach dem Gange des Hochofens fällt die Schlacke entweder sauer, neutral oder basisch aus. Hat die Schlacke einen hohen Kieselsäure- und Tonerdegehalt, so ist sie schwer schmelzbar, zähflüssig und erstarrt langsam, indem sie Fäden zieht (lange Schlacke); ist sie dagegen kalk- und magnesiareich, so ist sie dünnflüssig, erstarrt kurz, d. h. ohne einen teigigen Zustand zu durchlaufen, und gestattet kein Fadenziehen (kurze Schlacke).

Die aus dem Hochofen fließenden Schlacken fängt man in Kübeln auf und läßt sie darin zu Klötzen erstarren. Diese werden dann auf Halden gestürzt, oder zerkleinert und zur Beschotterung von Straßen verwendet. In neuerer Zeit wird die flüssige Schlacke durch einen Dampf-, Wasser- oder Luftstrahl granuliert, d. h. gekörnt. Granulierte Schlacke gibt mit gelöschtem Kalk einen guten Mörtel. Hat die Schlacke einen hohen Tonerdegehalt, so kann sie mit gelöschtem Kalk zu Schlackenziegeln verarbeitet werden, die nach längerem Abbinden einen guten Baustein liefern.

Eine weitere noch günstigere Verwendung finden besonders die kalkreichen Schlacken als Rohstoff für die Herstellung von Zement. Die Schlacke wird zu diesem Zwecke staubfein gemahlen, mit gelöschtem Kalk gemischt, durch Erhitzen zum Sintern gebracht und unter Zusatz von granulierter Schlacke wiederum bis zur Staubfeinheit gemahlen. Das Produkt hat die gleichen Eigenschaften wie der Portlandzement und wird daher Eisenportlandzement genannt.

Gichtgas und seine Reinigung.

Gichtgas besteht aus Kohlenoxyd, Kohlensäure, Stickstoff und Wasserstoff. Der wichtigste Bestandteil des Gichtgases ist das Kohlenoxyd (CO), das in großen Mengen vor den Formen erzeugt wird. Ein Teil desselben wird zur Reduktion der Eisenerze verwendet, wobei es sich zu Kohlensäure (CO_2) umwandelt, während der Rest unverändert durch den Hochofen hindurchgeht. Im Gichtgas nimmt Kohlenoxyd etwa ein Viertel des Raumes ein. Dann sind noch etwa $2^0/_0$ Wasserstoff vorhanden. Beide Gase sind brennbar, sie werden aber stark verdünnt durch Kohlensäure (CO_2) und den Stickstoff (N) der Luft, die beide nicht brennbar sind.

Die Kohlensäure entsteht teils bei der Reduktion des Erzes durch Kohlenoxyd, teils beim Brennen von Kalkstein. Trotz

dieser starken Verdünnung durch nicht brennbare Gase hat das
Gichtgas noch einen Wärmewert von 8—900 W.-E.

Auf eine Tonne erzeugten Roheisens entfallen etwa 4500 cbm
Gichtgas. Davon verbrauchen die Wiederhitzer nicht ganz die
Hälfte, so daß noch mindestens 2250 cbm Gas zur Heizung von
Dampfkesseln oder zum Antrieb von Gichtgasmotoren verfügbar
bleiben. Werden die Gichtgase unter Dampfkesseln verbrannt
und dient der Dampf zum Antrieb von Dampfmaschinen, so sind
für die Erzeugung einer Stunden-Pferdekraft etwa 12,5 cbm
Gichtgas erforderlich, während für die Umwandlung der im Gichtgas enthaltenen Wärme in Arbeit bei direkter Verbrennung der
Gichtgase im Motor für eine Pferdekraftstunde nur 3,5 cbm Gas
erforderlich sind. Die Dampfmaschine verbraucht also 3,6 mal
so viel Gas für dieselbe Leistung als die Gaskraftmaschine.

Durch die Ausnutzung der Gichtgase in Gichtgasmotoren
sind die Hochofenwerke im Laufe der letzten Jahre zu bedeutenden
Kraftquellen geworden, die nicht nur ihre Gebläsemaschinen und
Walzwerke mit Kraft versorgen, sondern auch hochgespannten
elektrischen Strom erzeugen und diesen zur Beleuchtung und
Kraftversorgung von Städten verwenden.

Gasreinigung. Die Gichtgase verlassen den Hochofen mit
einer Temperatur von 120—200°; sie sind immer durch Staub
verunreinigt und die Verunreinigung ist ganz besonders stark,
wenn der Hochofen mit mulmigen oder kalkhaltigen Erzen beschickt wird. In diesem Falle kann 1 cbm Gichtgas 30—50 g
Staub enthalten. Sollen die Gichtgase für Heizzwecke Verwendung
finden, so muß der Staubgehalt des Gases durch Reinigung auf
0,5 g herabgesetzt werden, weil sich der Staub erfahrungsgemäß
an den Heizflächen festsetzt, wodurch ihre Wärmedurchlässigkeit
außerordentlich vermindert wird. Die neueste und in ökonomischer
Hinsicht wohl wichtigste Verwertung der Gichtgase erfolgt aber
in den Zylindern der Gasmaschinen und hier kann, wenn die
Maschinen nicht zu schnell verschleißen sollen, nur ein Gas in
Gebrauch genommen werden, dessen Staubgehalt auf 0,03 g pro
Kubikmeter herabgemindert worden ist.

Die Reinigung der Gichtgase von dem groben Flugstaub
geschieht am günstigsten automatisch, wenn man die Gase in großen
Räumen mit geringer Geschwindigkeit entlang streichen läßt.
Der dabei niederfallende Gichtstaub stellt infolge seines relativ
hohen Eisengehaltes ein wertvolles Material dar, das nach erfolgter
Brikettierung dem Hochofen wieder zugeführt werden kann.
Der feine Gichtstaub dagegen wird in Skrubbern, das sind Türme,
die mit Holzhorden und Streudüsen ausgestattet sind, nieder-

geschlagen. Dies wird dadurch erreicht, daß das Gas von unten in den Skrubber eintritt und einem fein verteilten Sprühregen entgegenstreicht, wodurch eine sehr wirksame Reinigung und Abkühlung des Gases erzielt wird. Die Feingasreinigung endlich, die bei Verbrennung des Gases in Gichtgasmaschinen erforderlich ist, erfolgt durch die Theissen-Apparate, das sind Ventilatoren mit Wassereinspritzung. Diese Reinigung ist aber nur dann erfolgreich durchzuführen, wenn die zur Reinigung verwendeten Wassermengen in so reichlichem Maße vorhanden sind, daß die

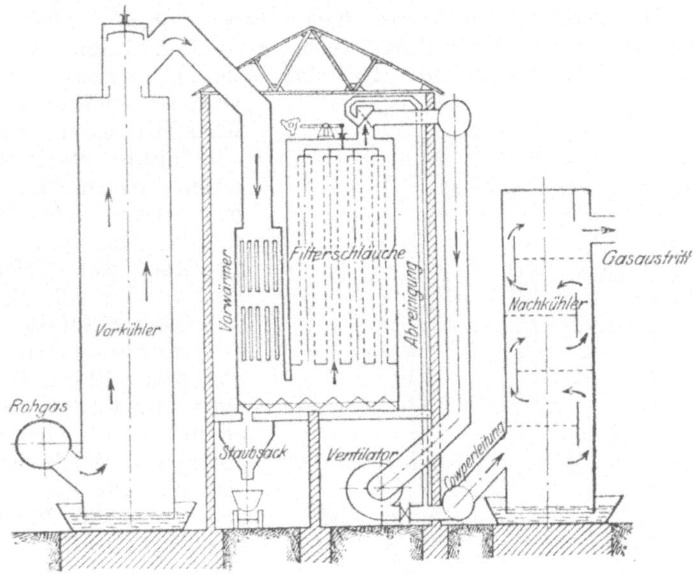

Fig. 20. Trockengasreinigung.

Temperatur der Gichtgase auf 25° herabgedrückt wird. Ferner erfordert die nasse Reinigung große Kläranlagen, in welchen das abfließende Schlammwasser, das den fein verteilten Staub enthält, erst gereinigt werden muß, bevor man es wieder verwenden oder in öffentliche Flußläufe eintreten lassen kann. Steht so viel Wasser nicht zur Verfügung, so muß die Feingasreinigung auf trockenem Wege erfolgen (Fig. 20). In diesem Falle tritt das Gas in einen Filterkasten ein, durchstreicht zunächst senkrecht hängende schlauchartige Filtertücher, an deren Oberfläche der feine Staub hängen bleibt, und wird alsdann mittelst Ventilators durch einen Kühler und Trockner hindurch nach der Gasmaschine gedrückt.

Die Entstaubung der Filtertücher wird durch eine automatisch wirkende Vorrichtung bewirkt, die in bestimmten Zeitabschnitten der Reihenfolge nach je ein Bündel von Filterschläuchen in eine rüttelnde Bewegung versetzt, wobei der losgerüttelte Staub nach Ausschalten des Saugestromes durch einen nur während dieser Zeit tätigen Druckgasstrom in einen vom Gase getrennten Staubsammelraum gedrückt wird.

D. Der elektrische Hochofen.

In Ländern, die keine Kohle haben, denen aber große Wasserkräfte zur Verfügung stehen, z. B. Schweden, wird das Roheisen im elektrischen Hochofen (Fig. 21) erzeugt. Dieser Ofen ist kleiner als der Koks-Hochofen und besitzt einen stark erweiterten Schmelzraum a mit einem Schachtaufsatz b. In dem oberen Gewölbe des Schmelzraumes, der mit Magnesit ausgekleidet ist, sitzen 4—6 Kohlenelektroden c von etwa 600 mm Durchmesser und 1,6 m Länge, denen zwei- oder dreiphasiger Wechselstrom von 50—90 Volt Spannung und 25 Perioden zugeführt wird. Der elektrische Hochofen wird mit Eisenerzen, Kalkstein und Holzkohle beschickt, und zwar wird von letzterer nur soviel aufgegeben, als zur Reduktion der Erze nötig ist, weil der elektrische Strom die Rolle des Brennmaterials übernimmt. Der Kohlen

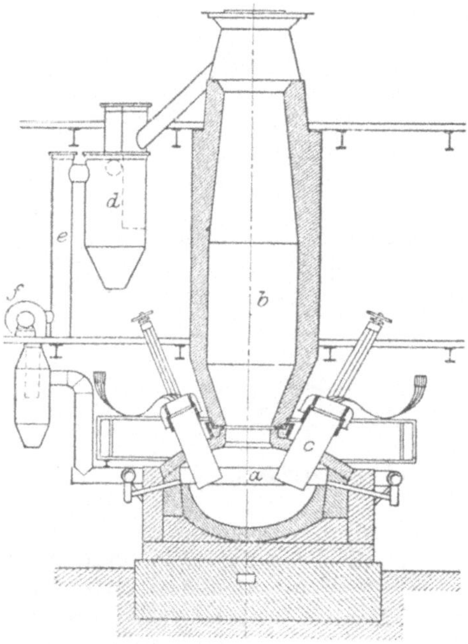

Fig. 21. Elektrischer Hochofen.

stoff der Holzkohle bildet mit dem Sauerstoff der Erze Kohlenoxyd (CO) und Kohlensäure (CO_2) von denen das Kohlenoxydgas auch hier zur indirekten Reduktion der Erze dient. Da kein Wind in den elektrischen Hochofen eingeblasen wird, entsteht

nur wenig Gichtgas, aber mit höherem Kohlenoxydgehalt und
Brennwert. Das an der Gicht austretende Gas wird in einem
Staubfänger d vom Flugstaub befreit, dann in einem Waschturm
e gereinigt und schließlich von einem Ventilator f mit 0,3—0,4 at
Druck wieder in den Schmelzraum gedrückt. Dies hat den Zweck,
einerseits das Gewölbe zu kühlen, um es vor dem Abschmelzen
zu schützen, andererseits die Hitze aus dem Schmelzraum in den
Schacht zu leiten, um die Beschickung vorzuwärmen. Durch
Regulierung der Spannung des elektrischen Stromes ist man in
der Lage aus demselben Erz verschiedene Roheisensorten zu
erblasen.

E. Transportvorrichtungen im Hochofenwerke.

Um die für den Hochofenbetrieb erforderlichen gewaltigen
Mengen an Rohmaterialien regelmäßig und in ununterbrochener
Folge herbeizuschaffen, sind betriebssichere und rasch arbeitende
Hebezeuge und Transportvorrichtungen erforderlich. Da aber der
Hochofenbetrieb jahrein, jahraus ununterbrochen durchgeführt
werden muß, müssen außerdem größere Mengen der Rohmaterialien
auf dem betreffenden Werke vorrätig gehalten werden, um den Betrieb von etwaigen Störungen in der Zuführung unabhängig zu
machen. Zu diesem Zwecke lagert man die Materialien zweckmäßig
auf einem größeren Platze in der Nähe des Hochofens, oder man
speichert sie in besonderen Sammelbehältern, den Erz- bzw.
Kokstaschen auf, um sie von dort aus gleichmäßig der Gicht
zuzuführen.

Wenn es möglich ist, wird man Hochofenwerke in der Nähe
von Wasserstraßen (Stettin, Lübeck) anlegen, da der Transport
der Materialien zu Wasser am billigsten ist. Die Materialien
werden dann aus den Schiffen durch elektrisch angetriebene Lauf-
und Drehkrane entladen und durch Verladebrücken auf den in
der Nähe des Hochofens liegenden Lagerplatz verteilt. Die Krane
besitzen als Fördergefäße entweder Selbstgreifer oder Kippkübel.

Zum Verladen von verhältnismäßig weichem und kleinstückigem
Gut, wie Nußkohle, Stückkohle, mulmige Erze usw. werden
Greifer mit aneinander schließenden Schaufeln in Einketten-,
Einseil- und Zweiseilkonstruktion verwendet. Die Einketten-
und Einseilgreifer können an jedem beliebigen Krane mit einfacher
Hubwinde ohne weiteres benutzt werden, während die Zweiseil-
greifer, die hauptsächlich für große Leistungen in Betracht kommen,
ein Windwerk mit zwei Trommeln erfordern, die unabhängig
voneinander bewegt werden können.

Wird das Rohmaterial durch Eisenbahnwagen zum Hochofenwerk herangebracht, so wird es vielfach noch von Hand aus
den Wagen herausgeschaufelt, wobei es gleich sortiert werden
kann. Durch Anlage von Hochbahnen, die über dem Lagerplatz
hinwegfahren, kann das Material gleich in Sammelbehälter entladen werden. Aus diesen wird es durch Lüftung von geeigneten
Verschlüssen in Kippwagen geladen und nach dem Hochofen
gefahren.

Eine weitere Beschleunigung der Entladearbeit kann durch
Verwendung von Wagenkippvorrichtungen und von Selbstent-
ladern erzielt werden.

Steht die Hochofenanlage direkt mit der Grube in Verbindung,
so werden für die Entladung sog. Kreiselwipper angewendet.
Dies sind trommelartige Gerüste aus Walzeisen, die gewöhnlich
eine ganze Anzahl von Förderwagen aufnehmen können. Die
Wagen werden im Wipper durch Anschläge festgehalten und durch
Drehen der ganzen Trommel um 180° über dem Lagerplatz entleert.
Die leeren Wagen werden dann auf der anderen Seite zu neuer
Füllung abgeschoben.

Ist die Entfernung des Hochofens von der Grube größer,
so muß das Rohmaterial durch eine Drahtseilbahn, Elektrohänge-
bahn oder durch die Eisenbahn herbeigeschafft werden.

Die Drahtseilbahn findet hauptsächlich zum Transport von
Gütern bei schwierigen Geländeverhältnissen Anwendung. Sie
besitzt Wagen, die mit ihren zwei Rädern auf einem gespannten
und in geeigneten Abständen unterstützen Drahtseil laufen. Die
Fortbewegung der Wagen erfolgt durch ein Zugseil ohne Ende in
der Weise, daß die Wagen in unterbrochener gleichmäßiger Folge
auf einem Tragseilstrang hin- und auf einem daneben liegenden
Tragseil zurückbewegt werden und so einen fortwährenden Kreis-
lauf beschreiben. Die Verbindung der Wagen mit dem Zugseil
erfolgt durch eine Kupplung.

Eine besondere Art der Hängebahnen sind die Elektrohänge-
bahnen, die entweder nur mit elektrischem Fahrwerk oder auch
mit elektrischem Windwerk zum Heben und Senken des Wagen-
kastens ausgerüstet werden. Zum Antrieb des Laufwerkes dient
ein Elektromotor, der seinen Strom durch eine über ihm liegende
Schleifleitung erhält. Im einfachsten Falle stellt die Gleisanlage
eine geschlossene Kreisbahn dar, auf der sich die Wagen vom
Beladepunkte zum Entladepunkte und wieder zurück bewegen.
Man kann jedoch auch weitere Gleisabzweigungen durch Weichen-
anlagen anschließen. Wenn mehrere Wagen auf derartigen Gleis-
anlagen verkehren, so ist eine Blockierung der Strecke erforderlich,
wodurch verhindert wird, daß bei Geschwindigkeitsdifferenzen

zwischen den Wagen der nachfolgende auf den vorhergehenden
aufläuft. Die Blockierung besteht darin, daß die Fahrleitung
in voneinander isolierte Abschnitte geteilt wird und daß an

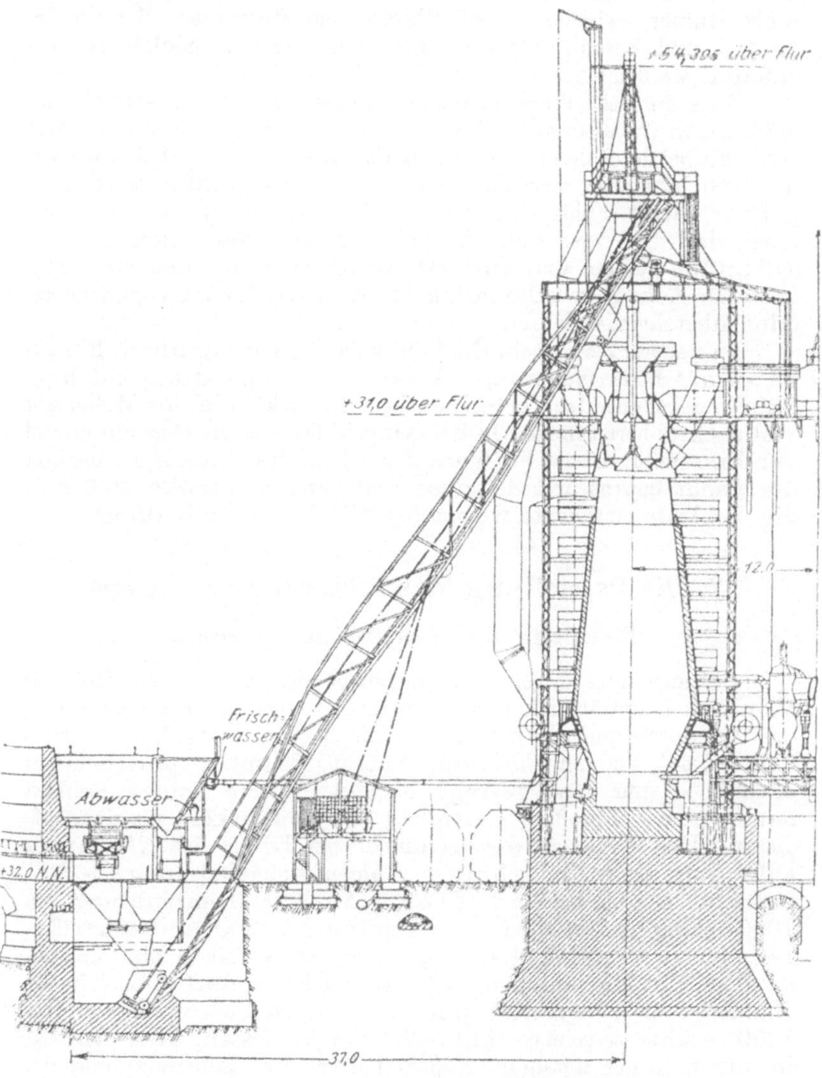

Fig. 22. Hochofen mit Gichtaufzug.

den Isolationspunkten Blockschalter angeordnet sind, die vom vorher fahrenden Wagen in Tätigkeit gesetzt werden. Auf diese Weise macht jeder Wagen, wenn er an einem Blockschalter vorbeikommt, die hinter ihm liegende Blockstrecke stromlos, so daß sich immer zwischen zwei Wagen eine stromlose Strecke befindet und Zusammenstöße mit vollkommener Sicherheit vermieden werden.

Das in den Vorratstaschen aufgespeicherte Material muß schließlich in bestimmter Menge und Reihenfolge mittelst Wagen oder Kübel durch den Gichtaufzug dem Hochofen zugeführt werden. Die Gichtaufzüge werden meistens als Schrägaufzüge (Fig. 22) gebaut, deren Führungsschienen über der Gicht so gekrümmt sind, daß die Wagen oder Kübel, wenn sie oben angelangt sind, selbsttätig gekippt und entleert werden. Um die Leistungsfähigkeit der Aufzüge zu erhöhen läßt man zwei Förderwagen neben- oder übereinander laufen.

In neuerer Zeit geschieht häufig die Begichtung durch Einsetzkübel mit Bodenentleerung. Diese hat der Begichtung mit Kippkübeln gegenüber den Vorteil, daß bei Einsetzkübeln der Möller sehr viel sachter herausfließt als bei Kippgefäßen. Beim Begichten wird der Einsetzkübel vom Füllrumpf am Fuße des Hochofens bis über die Gicht bewegt und dann so weit lotrecht gesenkt, daß er in die Schleuse eintaucht, wobei der Kübelboden sich öffnet.

2. Die Darstellung des schmiedbaren Eisens.

Einteilung des schmiedbaren Eisens.

Schmiedbares Eisen unterscheidet sich von dem Roheisen chemisch hauptsächlich dadurch, daß es einen geringeren Gehalt an Verunreinigungen besitzt. Sein Kohlenstoffgehalt beträgt 0,05—1,6% und an Silizium, Mangan, Phosphor und Schwefel enthält es nur ganz geringe Mengen. Infolge seiner Reinheit hat es eine viel größere Festigkeit und Dehnbarkeit als das Gußeisen. Die Festigkeit des schmiedbaren Eisens ist 28—100 kg auf 1 qmm seines Querschnittes, während seine Dehnung 12—50% beträgt. Das schmiedbare Eisen läßt sich bei Temperaturen von 1000—1200° gut schmieden und walzen, bei 1300° gut schweißen. Bei einer Hitze von 300° hingegen, bei der das Eisen blau anläuft, ist das Schmiedeeisen brüchig und spröde; es darf daher in der Blauhitze nicht bearbeitet werden. Wird das Schmiedeeisen über 1300° erhitzt, so geht es schließlich aus dem festen, über den teigförmigen in den flüssigen Zustand über. Der Schmelzpunkt des schmiedbaren Eisen liegt bei 15—1600°, also sehr hoch. Wegen seiner hohen Festigkeit verwendet man es im Maschinenbau für alle Teile, die einer hohen Beanspruchung ausgesetzt sind.

Man teilt das schmiedbare Eisen nach den mechanischen Eigenschaften ein in Schmiedeeisen und Stahl. Alles Eisen mit einem geringen Kohlenstoffgehalt ($0{,}5$—$0{,}05^0/_0$) heißt Schmiedeeisen, während Eisen mit einem höheren Kohlenstoffgehalt ($1{,}6$—$0{,}5^0/_0$) Stahl heißt. Der Stahl verdankt seinem höheren Kohlenstoffgehalt seine Härtbarkeit. Schmiedeeisen ist dagegen nicht härtbar.

Die Härte, die der Stahl nach seiner Erzeugung oder nach der Bearbeitung bei Rotglut und langsamer Abkühlung besitzt, heißt seine Naturhärte. Sie hängt vom Kohlenstoffgehalt des Stahles ab. Wenn man den Stahl aber glühend macht und dann in kaltes Wasser taucht, ihn ablöscht oder abschreckt, so wächst seine Härte ganz erheblich bis zur sog. Glashärte an; aber gleichzeitig ist er auch spröde geworden. Will man seine Sprödigkeit beseitigen, so muß man den Stahl anlassen, d. h. ihn wieder erwärmen und dann rasch abkühlen. Alsdann ist die Härte des Stahles um so mehr gemildert, dagegen die Elastizität um so mehr zurückgekehrt, je höher die Temperatur lag, bis zu welcher angelassen wurde. Die Höhe der Temperatur kann man an den Anlaßfarben erkennen, die sich an der Oberfläche des Stahles einstellen. Diese sind: gelb, rot, violett und blau.

Bei der Einteilung nach der Herstellungsart unterscheidet man Schweißeisen und Flußeisen. Wird das schmiedbare Eisen bei etwa 1300^0 im teigigen Zustande gewonnen, so erhält man es in Gestalt kleiner Kristalle, die bald zu einem Klumpen zusammenschweißen. Man nennt es dann Schweißeisen und bei höherem Kohlenstoffgehalt Schweißstahl. Wird das schmiedbare Eisen aber bei höherer Temperatur (1700^0) im flüssigen Zustande gewonnen, so heißt es Flußeisen bzw. Flußstahl.

Die Herstellung schmiedbaren Eisens erfolgt heute in großem Maßstabe ausschließlich aus Roheisen, indem man diesem die Verunreinigungen, die es im Hochofenprozeß aufgenommen hat, nämlich Kohlenstoff, Silizium, Mangan und Phosphor durch Oxydation wieder entzieht. Diesen Oxydationsprozeß nennt man das Frischen. Für die Frischarbeiten kann man den Sauerstoff der Luft oder den Sauerstoff von Eisenoxyderzen verwenden und unterscheidet danach das Luftfrischen und das Erzfrischen.

Das Luftfrischen kann im Flammofen (Puddelofen) ausgeführt werden und heißt dann auch Herdfrischen oder Puddeln, oder es wird in einer Birne, dem Converter, ausgeführt (Bessemer- und Thomasprozeß). Im Puddelofen kann man zwar ein mit dem gewünschten Kohlenstoffgehalt versehenes Schweißeisen erzielen, doch ist dieses stets mit Schlacke vermengt; in der

Birne dagegen erhält man ein zwar ganz schlacken- und kohlen-
stofffreies, leider aber sauerstoffhaltiges Eisen, welches deshalb
noch einem Kohlungs- und Desoxydationsverfahren unterzogen
werden muß. Eine Verbesserung des Schweißeisens läßt sich
durch Schweißen, eine Verbesserung des Flußeisens durch Umschmelzen erzielen.

Schmiedbares Eisen.

Schmiedbar, in gewöhnlicher Temperatur weniger spröde
als Roheisen. Beim Erhitzen allmählich bis zum Schmelzen er-
weichend.

A. Schmiedeeisen,
nicht härtbar, schmiedbar und schweißbar 0,05—0,5% C.

1. Schweißeisen	2. Flußeisen
(Renn-, Herdfrisch-, Puddel- und Paketeisen).	(Bessemer-, Thomas- und Martin-eisen).
In teigartigem Zustand herge-stellt. Nicht vollkommen frei von Schlacke. Weich und dehnbar, leicht schmied- und schweißbar. Bruch sehnig.	In flüssigem Zustande hergestellt. Vollkommen frei von Schlacke. Här-ter und weniger dehnbar, schwieriger zu schmieden und zu schweißen als Schweißeisen. Bruch feinkörnig.

B. Stahl,
härtbar, weniger leicht schmiedbar, schwer oder gar nicht schweißbar
0,5—1,5% C.

1. Schweißstahl	2. Flußstahl
(Renn-, Herdfrisch-, Puddel-, Ze-ment- und Gerbstahl).	(Bessemer-, Thomas-, Martinstahl, Tiegelgußstahl).
In teigartigem Zustande herge-stellt. Nicht vollkommen frei von Schlacke.	In flüssigem·Zustande hergestellt und frei von Schlacke.

Einwirkung der Verunreinigungen auf schmiedbares Eisen.
Die Eigenschaften des schmiedbaren Eisens werden schon durch
ganz geringe Beimengungen fremder Elemente sehr erheblich
beeinflußt.

Am wichtigsten ist der Kohlenstoffgehalt für das schmiedbare
Eisen, denn er bestimmt den Gattungscharakter aller Eisenlegierungen. Wenn der Kohlenstoffgehalt von 0 auf 1% wächst,
so steigt die Festigkeit und sinkt die Längsdehnung, bzw. die
Zähigkeit. Auch nimmt die natürliche Härte merklich zu. Die
wichtigste Tatsache aber ist, daß der Kohlenstoff der eigentliche Stahlbildner ist, insofern er der Legierung die Fähigkeit

verleiht, sich durch plötzliches Abkühlen künstlich härten zu lassen. Jedem Verwendungszweck entspricht erfahrungsgemäß ein bestimmter Kohlenstoffgehalt am besten. Wenn der Kohlenstoffgehalt über 1% hinauswächst, so nimmt die Festigkeit wieder ab, und die Legierung wird auch in gewöhnlichem Zustande spröde, wie Fig. 23 zeigt.

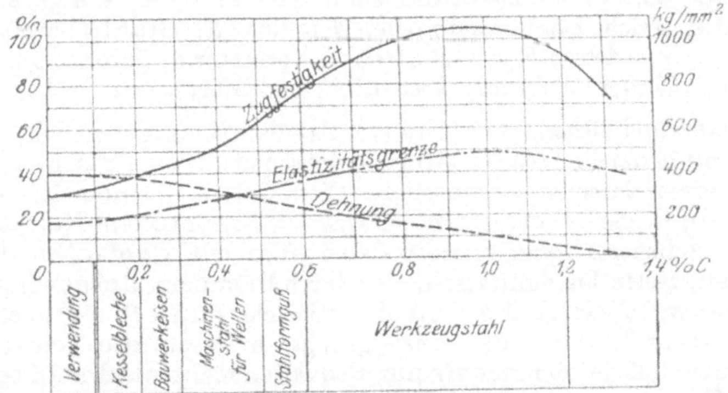

Fig. 23. Einfluß des Kohlenstoffgehaltes auf die Festigkeitseigenschaften des schmiedbaren Eisens.

Ein Mangangehalt erhöht die Festigkeitseigenschaften des schmiedbaren Eisens in ähnlichem Sinne wie der Kohlenstoff, nur fünfmal schwächer.

Silizium macht das schmiedbare Eisen spröde und verringert seine Schmiedbarkeit. Schmiedbares Eisen darf daher nicht mehr als 0,5% Si enthalten.

Phosphor macht das schmiedbare Eisen schon bei einem Gehalt von 0,15% spröde und kaltbrüchig, d. h. es bricht leicht bei Stoßbeanspruchung im kalten Zustande. Besonders Stahl ist gegen Phosphor sehr empfindlich und darf um so weniger davon enthalten, je kohlenstoffreicher er ist. Deshalb würde z. B. ein Werkzeugstahl mit nur 0,05% P sofort seine Schärfe verlieren.

Schwefel vermindert die Schmied- und Schweißbarkeit des Eisens und macht es rotbrüchig, d. h. es bricht bei der Bearbeitung in der Rotglut. Ein gewisser Mangangehalt schwächt jedoch die schädlichen Eigenschaften des Schwefels ab, da der an Mangan gebundene Schwefel am wenigsten schädlich ist.

Sauerstoff kann im Eisen als Eisenoxydul gelöst vorkommen. Da schon 0,1% Sauerstoff genügen, das Eisen rotbrüchig zu machen, so muß das Oxydul durch Zusetzen reduzierender Stoffe zu flüssigem Eisen (Mangan, Silizium, Aluminium) entfernt werden. Tritt der Sauerstoff der Luft an die Oberfläche glühenden Eisens, so bildet sich daselbst eine Glühspan- oder Hammerschlagschicht, welche aus Oxydoxydul besteht. Diese Glühspanschicht stellt sich bereits bei 200⁰ ein und veranlaßt das Auftreten von Anlauffarben.

Außer den oben genannten regelmäßigen Begleitern des Eisens, welche sämtlich Nichtmetalle sind, gibt es noch einige seltene Metalle, welche häufig absichtlich dem flüssigen Stahle beigemengt werden, um dessen Eigenschaften zu verbessern. Hierzu gehören: Nickel, Chrom, Wolfram, Vanadium und Molybdän.

Geschichtliches. Die älteste Art der Erzeugung von Eisen bestand in der direkten Gewinnung des schmiedbaren Eisens aus den Eisenerzen durch die Rennarbeit. Diese wurde in einem Rennfeuer ausgeführt und bestand darin, daß man die Eisenerze im Holzkohlenfeuer reduzierte. Man erhielt dabei einen mit Schlacken durchsetzten, zähen Eisenklumpen, der durch Hämmern ausgeschmiedet wurde, wobei der größte Teil der Schlacke ausfloß. Für schwer schmelzbare und unreine Erze genügte indessen die Temperatur des gewöhnlichen Rennfeuers zur Reduktion nicht, und man begann zum Zusammenhalten der Hitze das Rennfeuer mit gemauerten Wänden zu umgeben und seine Glut durch ein Gebläse anzufachen. So entwickelten sich allmählich die Stücköfen mit Gebläsevorrichtung. Der Wunsch, die Tagesproduktion zu vergrößern, führte zur Erhöhung der Öfen, wodurch die Temperatur in den Feuern stieg und denjenigen Grad erreichte, bei welchem das aus den Erzen reduzierte Eisen aus der Holzkohle größere Mengen Kohlenstoff auflöste, auf diese Weise schmelzbar wurde und in flüssiger Form aus dem Ofen trat. Man war damals der Meinung, daß dieses Eisen noch nicht genügend im Feuer verarbeitet worden sei und nannte es Roheisen, welchen Namen es bis heute behalten hat. Das Roheisen wurde dann noch einmal im Ofen der oxydierenden Wirkung der Feuergase ausgesetzt, und so gelang es tatsächlich ein schmiedbares Eisen zu erzielen.

Nach der Erfindung des Roheisens erkannte man, daß es vorteilhafter ist, zuerst aus den Erzen das Roheisen zu gewinnen und dann aus diesem das schmiedbare Eisen herzustellen, weil dieses indirekte Verfahren mit einem weniger großen Verlust an Metall durch Verschlackung verbunden ist, eine größere Erzeugungsfähigkeit besitzt und auch die Verarbeitung unreiner Erze gestattet. Die Überführung des Roheisens in schmiedbares Eisen, das sog. Frischen, wurde zuerst in einem offenen mit Holzkohle beschickten Herde, dem Frischfeuer (Fig. 24), ausgeführt, welches einen niedrigen, gemauerten Behälter besitzt, über dessen Rand hinaus ein schräg abwärts gerichtetes Rohr, die Düse, den Wind zuführt. Das Frischen besteht im wesentlichen darin, daß man das Roheisen tropfenweise vor dem Winde abschmilzt, wobei Kohlenstoff, Mangan, Silizium und Phosphor teilweise oxydiert werden. Dieses Umschmelzen wird so oft wiederholt, bis jene Verunreinigungen im gewünschten Maße abgeschieden sind. Das Eisen wird dadurch reiner, kohlenstoffärmer und demzufolge schmiedbar. Es scheidet sich am Boden des Herdes in Form

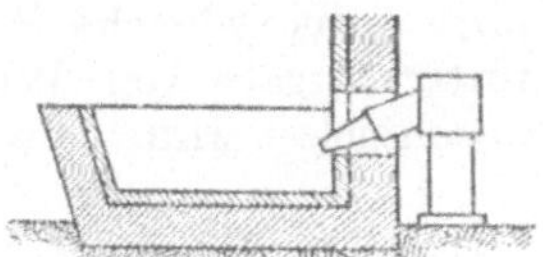

Fig. 24. Frischfeuer.

einer Luppe aus, die dann mit dem Hammer von der eingeschlossenen Schlacke befreit (gezängt), und schließlich zu Stäben ausgereckt wird.

Will man Stahl erhalten, so muß man den Prozeß in dem Augenblicke unterbrechen, in welchem der Kohlenstoffgehalt des Stahles erreicht ist.

Obwohl das Herdfrischen ein sehr reines Eisen von vorzüglicher Qualität liefert, geht das Verfahren seiner geringen Leistungsfähigkeit wegen, und weil es als Brennstoff die teuere Holzkohle erfordert, immer mehr zurück. Frischfeuer sind heute nur noch in sehr waldreichen Gegenden (Schweden, Steiermark und Rußland) zu finden.

Das Puddeln.

In England sah man sich schon am Ende des 18. Jahrhunderts wegen Holzmangels gezwungen, beim Frischen die billige, aber durch Schwefel verunreinigte Steinkohle zu verwenden. Da aber der Schwefel, wenn er ins Eisen übergeht, dieses rotbrüchig macht, so durfte das schmelzende Eisen nicht unmittelbar mit dem Brennstoff, sondern nur mit dessen Flamme in Berührung kommen. Im Jahre 1784 erbaute der Engländer Henry Cort den ersten Puddelofen, in welchem das Puddeln oder Flammofenfrischen ausgeführt wurde. Der Puddelprozeß war eine Erfindung von weittragender Bedeutung, denn er gestattete bei einem viel geringeren Brennstoffverbrauch etwa die zehnfache Menge Schmiedeeisen zu erzeugen, als man im Frischfeuer herstellen konnte.

Der Puddelofen (Fig. 25—26) ist ein überwölbter Herdofen und besteht im wesentlichen aus der Feuerung, dem Arbeitsherd und dem Fuchs. Die Feuerung ist bei Verwendung von Steinkohle als Brennmaterial meistens eine gewöhnliche Rostfeuerung, bei

Verwendung von Braunkohle eine Treppenrost- oder Gasfeuerung.
Der Herd wird gebildet aus einer dicken, eisernen Sohlplatte und
einem darauf liegenden, hohlen, rahmenförmigen Herdeisen, das
durch einen hindurchfließenden Wasserstrom ständig gekühlt wird.
Der Herd erhält eine Auskleidung von einer Tonschicht, auf der
eine eisenoxydreiche Schlacke (Puddel- oder Schweißofenschlacke)
unter Zugabe von Walzensinter bei hoher Temperatur niedergeschmolzen wird. Die Schlacke hat die Aufgabe die beim Puddeln

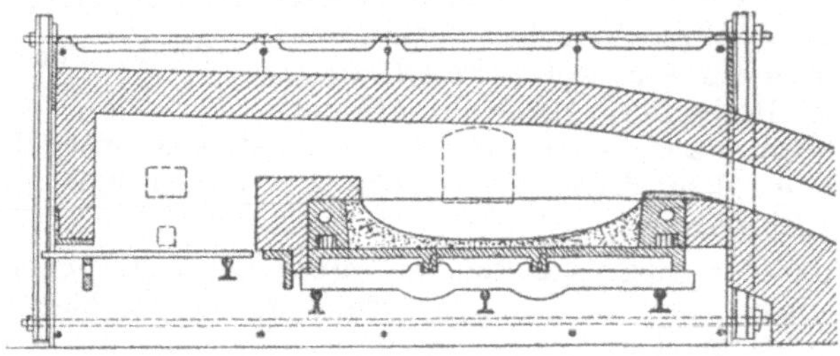

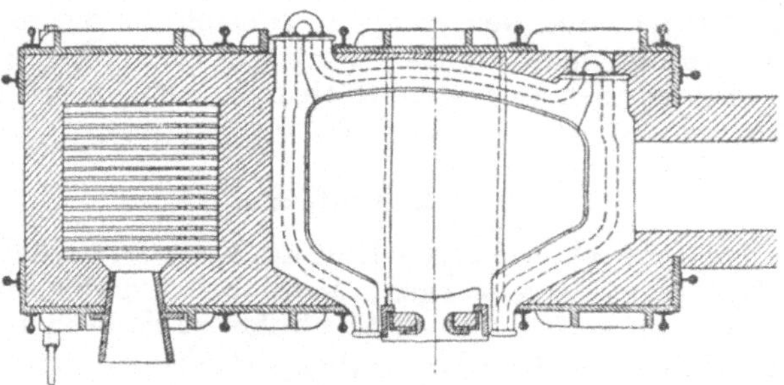

Fig. 25—26. Puddelofen.

entstehende Phosphorsäure unter Bildung von Phosphaten zu
binden. An den Herd schließt sich der Fuchs an, der die Feuergase nach dem Schornsteine leitet. Zwischen Feuerung und Herd
befindet sich die Feuerbrücke, zwischen Herd und Fuchs die
Fuchsbrücke. In der Vorderwand des Ofens ist eine Schüröffnung
für die Feuerung und eine Einsatztür zum Füllen und Entleeren
des Herdes angebracht. Eine kleine Öffnung in der Arbeitstür,
die außen durch ein Blech zugesetzt werden kann, dient zum
Einführen des Gezähes beim Puddeln.

Der Arbeitsvorgang beim Puddeln ist folgender: Durch die seitliche Arbeitstür werden etwa 300 kg weißes oder graues Roheisen eingebracht und je zwei Stücke aufrecht gegen einander gelehnt auf die Herdsohle gestellt. Zum Puddeln läßt sich jedes beliebige Roheisen verwenden, doch bevorzugt man ein siliziumarmes Eisen, das zugleich nicht zu viel gebundenen Kohlenstoff enthält. Ein derartiges Eisen ist das Weißeisen. Als Zuschlag zum Roheisen gibt man Walzensinter und Hammerschlag auf, dann schließt man die Türen und erzeugt eine möglichst hohe Temperatur, die den Einsatz in 45 Minuten zum Schmelzen bringt. Schon beim Niederschmelzen bewirkt der Sauerstoff der überschüssigen Luft, welche mit den Feuergasen über das Bad streicht,

eine Oxydation des im Roheisen enthaltenen Siliziums und Mangans zu Kieselsäure (SiO_2) und Manganoxydul (MnO), wobei eine bedeutende Wärmemenge entwickelt wird (Fig. 27). Aber auch ein Teil des Eisens wird zu Eisenoxydul (FeO) oxydiert, welches mit der Kieselsäure die sog. Feinschlacke bildet

$$FeO + SiO_2 = FeSiO_3.$$

Da aber die Schlacke das flüssige Eisen bedeckt und damit der

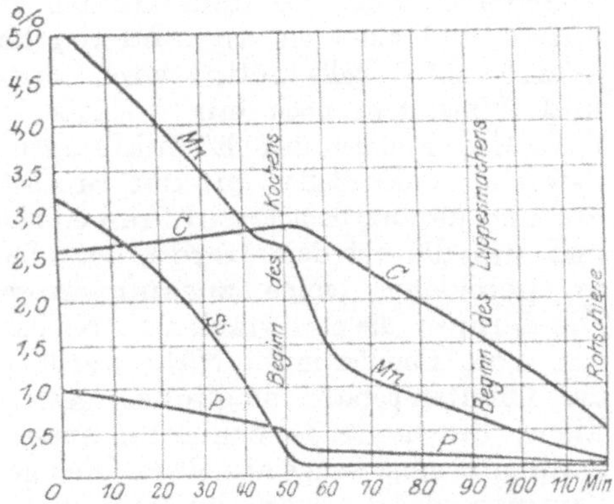

Fig. 27. Verlauf des Puddelprozesses.

weiteren Einwirkung der Feuergase entzieht, so muß der Puddler einen 2,5 m langen Rührhaken (Kratze) durch die Schlacke und das Eisenbad führen, um die Schlacke zu zerteilen. Diesen Vorgang nennt man das Puddeln. Die Folge des Puddelns ist eine gründliche Mischung des Eisens mit den eisenoxydreichen Schlacken, und da diese die Fähigkeit besitzen aus den Ofengasen überschüssigen Sauerstoff aufzunehmen und an den Kohlenstoff des geschmolzenen Roheisens abzugeben, so steigen bald Blasen von Kohlenoxydgas aus dem Bade auf. Infolgedessen wallt das Bad heftig auf und ein Teil der Schlacke fließt zur Arbeitstür heraus. Auch Phosphor und Schwefel werden nun oxydiert, und zwar geht der Phosphor in Phosphorsäureanhydrit (P_2O_5) über, welches von der Schlacke aufgenommen wird, während der Schwefel zu schwefliger Säure (SO_2) verbrennt, die mit den Abgasen entweicht. Bei fortschreitender

5*

Entkohlung des Eisens erhöht sich dessen Schmelztemperatur und da die Temperatur des Ofens, die kaum 1300° beträgt, nicht ausreicht, um es flüssig zu erhalten, so bilden sich an der Oberfläche kleine Eisenkristalle von schmiedbarem Eisen, die das Bad dickflüssig machen. Dadurch wird das Durchrühren des Bades immer schwieriger. Allmählich hört das Schäumen auf und am Ende der Kochperiode bildet sich am Boden des Herdes ein immer zäher werdender, von Schlacke bedeckter Eisenkuchen. Das Roheisen ist jetzt in schmiedbares Eisen umgewandelt, aber noch nicht gleichmäßig genug entkohlt. Um dies zu erreichen wird der gare Eisenkuchen vom Puddler mittelst Brechstange (Spitz) aufgebrochen, worauf die einzelnen Stücke umgewendet und aufeinander gehäuft werden. Alsdann bricht der Puddler abermals Stücke von dem Haufen los, wendet das Innere nach außen und häuft sie am anderen Ende des Herdes in gleicher Weise auf. Falls nötig wird diese Arbeit des Aufbrechens und Umsetzens noch ein zweites Mal wiederholt. Schließlich teilt der Puddler den Eisenklumpen in 3—6 Stücke und rollt jeden einzelnen Ballen mit der Brechstangenspitze auf dem Herde hin und her, um dem Eisenklumpen eine kugelige Gestalt zu geben, und um die auf dem Herde befindlichen Eisenkristalle mit der so gebildeten Luppe zusammenzuschweißen (Luppenmachen). Die Luppen, die noch stark von Schlacken durchsetzt sind, werden nun vom Puddler in die Nähe der Feuerbrücke geschoben, worauf die Ofentemperatur möglichst gesteigert wird, damit die das Eisen durchsetzende Schlacke ausseigert. Die Luppen werden dann mit einer Zange aus dem Ofen geholt und unter dem Dampfhammer oder der hydraulischen Presse gezängt, d. h. in die Form eines rohen Blockes gebracht, wobei wieder viel Schlacke ausfließt. Aus dem Hammerwerk kommen die Blöcke schließlich in das Luppenwalzwerk, wo sie noch in derselben Hitze zu Rohschienen ausgewalzt werden. Sobald alle Luppen aus dem Ofen entfernt sind, wird der Ofenboden nachgesehen, nötigenfalls ausgebessert und von neuem mit Roheisen besetzt.

Die Rohschienen sind aber für technische Zwecke noch nicht brauchbar, da sie noch immer viel Schlacke enthalten. Sie werden daher unter dem Luppenbrecher in etwa 1 m lange Stücke gebrochen und nach dem Bruchaussehen gesondert. Dann werden die Stücke von gleicher Qualität mit Draht zu Schweißpaketen zusammengebunden und im Schweißofen auf Weißglut gebracht, wobei wieder viel Schlacke ausfließt. Die Schweißöfen sind ebenfalls Herdöfen, ähnlich den Puddelöfen, und unterscheiden sich von letzteren nur dadurch, daß sie eine Sandsohle und keine Feuerbrücke haben. Sie werden gewöhnlich mit Wärmespeichern und einer Gasfeuerung ausgeführt. Ihre Abgase, die im Fuchs noch eine Temperatur von 1300° haben, verwendet man zum Heizen von Dampfkesseln. Die aus dem Schweißofen kommenden Pakete werden unter dem Hammer in die Form eines Blockes gebracht und wandern dann ins Walzwerk, wo sie noch in derselben Hitze zu Stabeisen ausgewalzt werden.

Das beschriebene Arbeitsverfahren liefert sehniges Schmiedeeisen (Puddeln auf Sehne). Will man feinkörniges, also kohlenstoffreicheres Eisen herstellen (Puddeln auf Korn), so muß man die Entkohlung des Eisens eher beendigen. Das Umsetzen wird dann abgekürzt und das Luppenmachen erfolgt unter der Schlackendecke.

Je nach dem Bruchaussehen der Rohschienen, das grobkörnig, sehnig oder feinkörnig sein kann, teilt man das Schweißstabeisen ein in Preßmutter-, Niet-, Feinkorneisen und Puddelstahl.

Das Feinkorneisen ist ein Schweißeisen mit 0,6% Kohlenstoffgehalt. Es kann als untere Stufe des Stahles angesehen werden und vereinigt große Zähigkeit mit großer Festigkeit. Man verwendet es im Maschinenbau für stark beanspruchte Teile wie Zapfen und Bolzen.

Der Puddelstahl läßt sich gut schmieden, zu Blechen walzen, zu Drähten ziehen, aber nur schlecht schweißen. Seine bemerkenswerteste Eigenschaft ist seine Härtbarkeit, weshalb er ausschließlich für Werkzeuge und solche Teile, z. B. Spurplatten, verwendet wird, die keine Abnützung durch Reibung erfahren dürfen. Der Puddelstahl ist in seiner Zusammensetzung nicht gleichmäßig, weil er durch das Zusammenschweißen von Fasern verschiedener Härte entstanden ist. Dies gibt sich beim Anätzen blanker Flächen durch das Hervortreten von Damastfiguren zu erkennen. Noch schädlicher als die ungleichmäßige Zusammensetzung sind die Schlackenreste, die, wenn auch klein, den ganzen Stahl durchsetzen. Will man diese entfernen, so muß man den Puddelstahl im Tiegel umschmelzen und erhält dann ein ganz vorzügliches Produkt, den Tiegelstahl.

In einem einfachen Puddelofen verarbeitet man in 24 Stunden etwa 12 Sätze zu 400 kg sehniges Eisen oder 10 Sätze zu 300 kg Stahl, erzeugt also täglich nur etwa 3—5 t schmiedbares Eisen. Solange der Puddelprozeß das einzige Verfahren war, das man zur Erzeugung schmiedbaren Eisens kannte, blieb daher die Eisenerzeugung in engen Grenzen. Um die Produktion zu erhöhen hat man doppelte Puddelöfen gebaut. Diese haben einen größeren Ofenraum und zwei Arbeitstüren, müssen aber von zwei Puddlern bedient werden, weil die körperliche Leistungsfähigkeit eines einzelnen für die sehr anstrengende Tätigkeit nicht ausreicht. Um dem Puddler die Arbeit zu erleichtern, hat man versucht die Puddelhaken maschinell zu bewegen, doch haben sich diese Versuche nicht bewährt.

Wegen der geringen Leistungsfähigkeit des Puddelprozesses und seiner Abhängigkeit von der Handarbeit wird das Schweißeisen immer mehr vom Flußeisen verdrängt. Eine Massenfabrikation schmiedbaren Eisens ist durch das Flammofenfrischen nicht möglich, sondern nur durch das Wind- und Herdfrischen, das sind Arbeitsverfahren, bei denen die menschliche Arbeitskraft gänzlich in den Hintergrund tritt, und die den Vorzug haben, ein völlig schlackenfreies Eisen zu liefern.

Das Windfrischen.

Während beim Puddelprozeß der Sauerstoff der Feuergase nur von der Oberfläche und überdies durch Vermittelung der Schlacke langsam zum geschmolzenen Metall gelangt, wird beim Windfrischen stark gepreßte Luft in zahlreichen dünnen Strahlen von unten her durch eine Säule flüssigen Roheisens hindurchgeblasen. Dabei kommt der Sauerstoff der Luft mit dem Eisen in so innige Berührung, daß er die Eisenbegleitstoffe verbrennt und das Roheisen in schmiedbares Eisen umwandelt. Die Hauptsache bei diesem Prozeß ist aber, daß die auszuscheidenden Elemente, nämlich Kohlenstoff, Silizium, Mangan, Phosphor und Schwefel selber als Heizstoffe wirken, so daß die Anwendung einer besonderen Feuerung beim Windfrischen nicht erforderlich ist, um die durch Strahlung und Leitung entstehenden Wärmeverluste auszugleichen. Wie stark die Erwärmung bei diesem Prozesse ist, geht aus folgenden Zahlen hervor: Die Temperatur des Bades wird erhöht durch Verbrennung von

$$1\% \text{ Si} \quad \text{zu } SiO_2 \quad \text{um } 232^0$$
$$1\% \text{ P} \quad \text{zu } P_2O_5 \quad \text{um } 212^0$$
$$1\% \text{ Mn} \quad \text{zu } MnO \quad \text{um } 73^0$$
$$1\% \text{ C} \quad \text{zu } CO \quad \text{um } 25^0.$$

Da durch Verbrennung von Silizium und Phosphor die größte Heizwirkung erzielt wird, so verwendet man für das Windfrischen entweder ein siliziumreiches oder ein phosphorreiches Roheisen und unterscheidet danach zwei Verblaseverfahren, die in birnenförmigen Gefäßen, den sog. Konvertern, ausgeführt werden.

1. Das Bessemerverfahren. Dieses erfordert ein siliziumreiches Roheisen (bis 2% Si) und wird in einem Konverter mit saurer Auskleidung ausgeführt.

2. Das Thomasverfahren, welches ein phosphorreiches (bis $2,2\%$ P) und siliziumarmes Roheisen verlangt, das im basisch ausgekleideten Konverter verblasen wird.

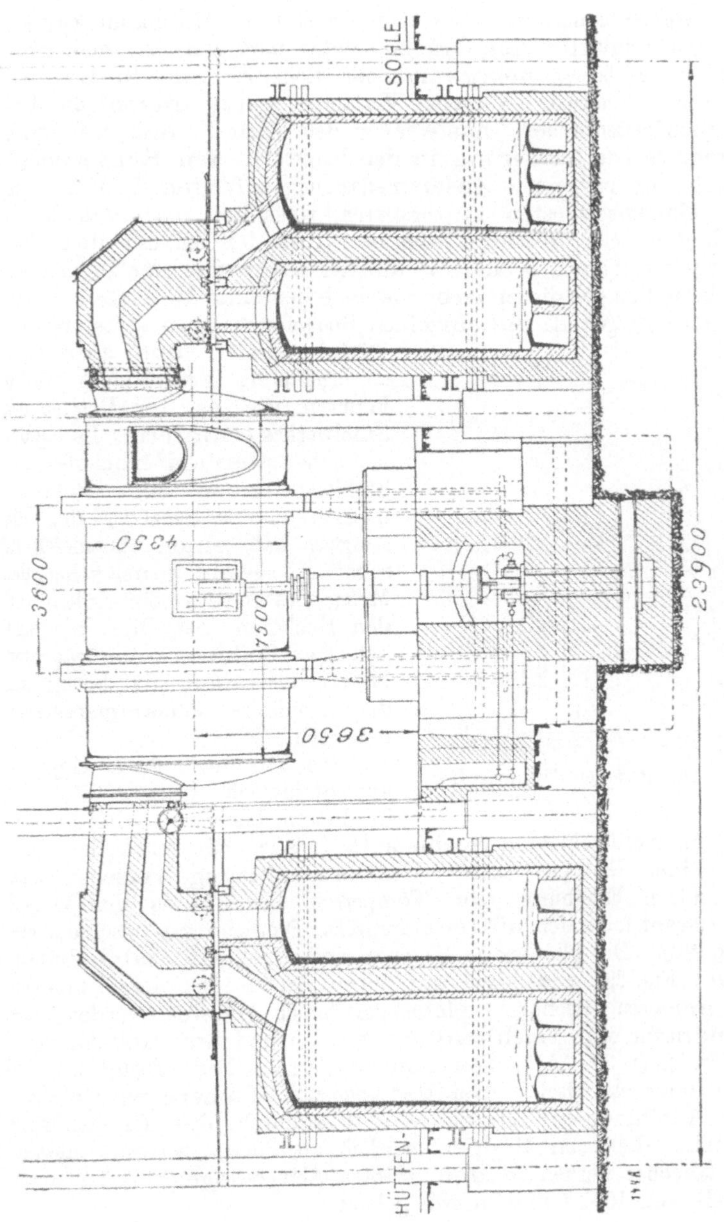

Fig. 28. Geheizter Rollmischer.

Roheisenmischer. Da das Roheisen in flüssigem Zustande in den Konverter eingebracht werden muß, so hat man früher das in Flußeisen umzuwandelnde Roheisen erst in Kupolöfen niedergeschmolzen. Dieses Verfahren wurde durch die Umschmelzkosten teuer, hatte aber den Vorteil, daß man durch entsprechende Gattierung in den Kupolöfen den Konvertern ein Eisen von passender Zusammensetzung zuführen konnte. Um die Umschmelzkosten zu ersparen, versuchte man das flüssige Roheisen beim Abstiche aus dem Hochofen direkt dem Konverter zuzuführen, d. h. mit direkter Konvertierung zu arbeiten, doch stellten sich dieser Arbeitsweise bedeutende Betriebsschwierigkeiten entgegen, da die einzelnen Hochofenchargen stets ungleichmäßig ausfielen und auch nicht so regelmäßig angeliefert werden konnten, wie es der Betrieb des Stahlwerkes erforderte. Es lag daher nahe, zwischen Hochofen und Stahlwerk einen sog. Roheisenmischer einzuschalten, der die Aufgabe hat, einen Ausgleich zu schaffen, sowohl hinsichtlich der Menge des in der Zeiteinheit von den Hochöfen angelieferten und von dem Stahlwerk verbrauchten Eisens, als auch in bezug auf die chemische Zusammensetzung desselben.

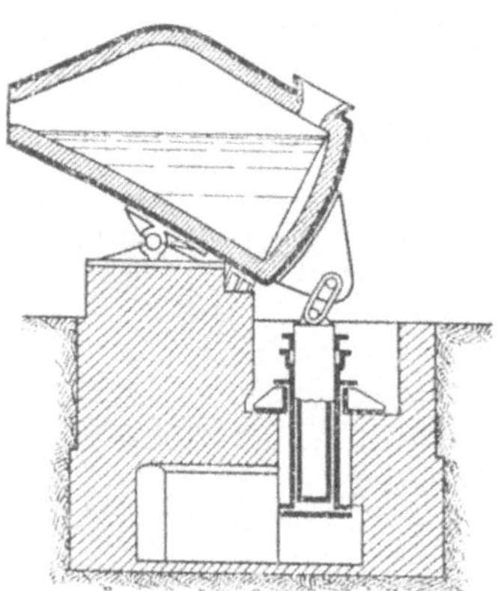

Fig. 29. Roheisen-Kippmischer.

Die Mischer sind kippbare, aus Stahlblech hergestellte, und im Innern bis zur Schlackenlinie mit Magnesitsteinen ausgemauerte Gefäße, die zuweilen auch mit einer Gichtgas- oder Generatorgasheizung versehen sind, um durch Erhöhung der Temperatur des Eisens den Verlauf der darauf folgenden hüttenmännischen Prozesse zu beschleunigen (Fig. 28). Die kleineren Mischer sind ungeheizt, haben Birnenform (Fig. 29) und sind um einen Zapfen kippbar, während die größeren Mischer, welche gewöhnlich geheizt werden, eine zylindrische oder Flachherdform besitzen und auf Rollenkränzen laufen (Fig. 30—31). Der Antrieb der Mischer erfolgt hydraulisch oder elektrisch. Bei den geheizten Mischern wird die Zu- und Abführung der Heizgase seitlich durch die Brennerköpfe bewirkt, die beim Kippen seitlich abgerückt werden müssen. Die Mischer werden in den größten Abmessungen bis zu einem Inhalt von 1000 t und mehr gebaut.

Der Hauptvorteil der zunächst als Sammel- und Ausgleichsgefäß gedachten Mischer besteht aber darin, daß beim ruhigen Stehen des Eisens im Mischer eine bedeutende Entschwefelung des Eisens vor sich geht, indem sich Schwefel mit Mangan zu Schwefelmangan verbindet, welches als Schlacke auf dem Eisen schwimmt und abgegossen wird. Auf diese Weise gelingt es, das aus dem einzelnen Hochofen mit ca. $4^0/_0$ S in den Mischer gelangende Roheisen bis auf $0,05—0,06^0/_0$ zu entschwefeln; so daß aus ihm z. B. ein Thomasstahl mit nur $0,01—0,03^0/_0$ S erblasen werden kann. Erst die Einführung des Mischerbetriebes ermöglichte es

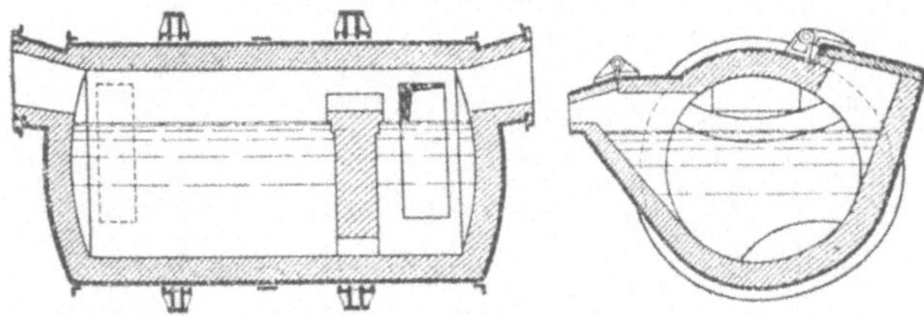

Fig. 30—31. Rollmischer.

den deutschen Stahlwerken, aus einem mit geringem Koksaufwand, also billig erblasenen Roheisen einen rotbruchfreien Thomasstahl herzustellen.

In neuerer Zeit werden die geheizten Flachherdmischer auch mit Kalk und Erz beschickt und als Vorfrischapparate für den Martinofen benutzt, wobei der größte Teil des Siliziums, Schwefels und Mangans entfernt wird.

Das gemischte und vom Schwefel befreite Roheisen wird schließlich in Gießpfannen abgestochen und in diesen den Konvertern oder Martinöfen zugeführt.

Der Bessemerprozeß. Das Windfrischen wurde im Jahre 1855 von dem Engländer Henry Bessemer erfunden. Diese Erfindung war von ausschlaggebender Bedeutung für die ·Entwickelung der Eisenindustrie, denn erst jetzt wurde es möglich schmiedbares Eisen in großen Mengen herzustellen.

Der Bessemerprozeß wird in einem besonderen Ofen, dem Bessemerofen ausgeführt. Dieser besteht aus einem birnenförmigen Blechgefäß (Fig. 32—33), das innen mit einem kieselsäurehaltigen Futter (Quarz, Ganister) ausgemauert ist. Der Ofen hat oben einen offenen Hals, unten einen herausnehmbaren Boden und ist in der Mitte in einem Tragring an zwei Zapfen drehbar aufgehängt. An dem einen Zapfen sitzt ein Zahnrad, welches durch eine unter

Hüttenflur liegende Preßwasser-Wendemaschine mittelst einer Zahnstange um 290⁰ gedreht werden kann. Der andere Zapfen ist hohl; durch ihn kann Luft von der Gebläsemaschine nach dem Windkasten geleitet werden, der sich unter dem Boden der Birne

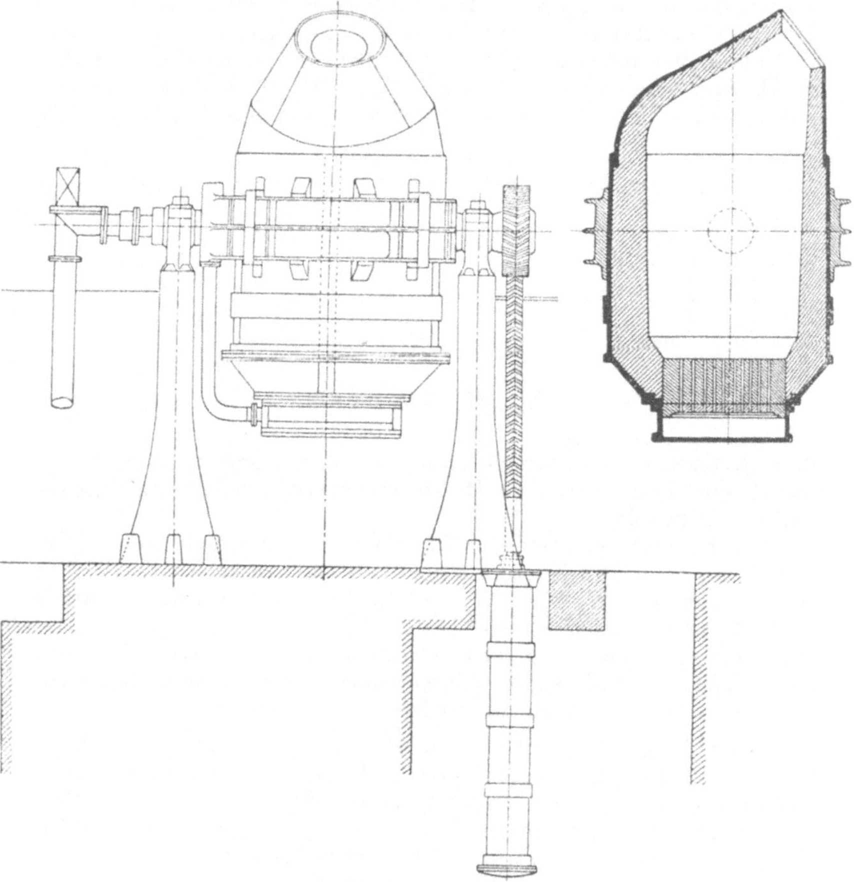

Fig. 32—33. Bessemerofen.

befindet. Der Boden muß leicht auswechselbar sein und kann entweder mit dem Windkasten gemeinschaftlich losgelöst werden (Abnehmboden), oder er läßt sich durch den Windkasten hindurchziehen, nachdem man dessen Verschlußplatte entfernt hat (Durch-

ziehboden). Man unterscheidet Nadel- und Düsenböden. Der
Nadelboden besitzt etwa 150 Windöffnungen von 15 mm l. W.
und wird in gußeisernen Schablonen um Nadeln aus Stahl aufgestampft. Der Düsenboden besteht aus 20—30 Düsen aus gebranntem Magnesit, von denen jede 8—10 Löcher besitzt. Diese
Düsen werden auf die Bodenplatte gesetzt und mit feuerfester
Masse umstampft. Der Nadelboden hält nur 35—50 Chargen,
der Düsenboden 70—80 Chargen aus, während das Futter der
Wände erst nach 500—1000 Chargen erneuert zu werden braucht.
Für das Einsetzen des Bodens wird eine Bodeneinsetzmaschine
verwendet, die einen ebenfalls durch Preßwasser betriebenen Zylinder mit oberem Aufsetzteller besitzt. Der Gebläsewind wird durch
ein Kolbengebläse erzeugt und auf 2—3 at gepreßt. Erforderlich
sind stets zwei Gebläsemaschinen, von denen eine zur Reserve
bereitsteht. Die Konverter werden für einen Einsatz von 15,
20 und 25 t gebaut. Der Fassungsraum der Birne muß aber wesentlich größer sein als für den Roheiseneinsatz erforderlich wäre,
weil der Prozeß ein lebhaftes Kochen des Eisenbades verursacht.
Zu einem dauernden Betriebe sind mindestens 2—3 Birnen erforderlich, um beim Auswechseln der Böden und beim Anheizen
der Birnen eine Betriebsunterbrechung zu vermeiden.

Betrieb des Bessemerofens. Nachdem die Birne mit gemahlenem
Quarz oder Ganister, dem etwas Ton beigemengt ist, unter Anwendung geeigneter Blechschablonen ausgestampft ist, wird der
Boden eingesetzt, den man in einem Kanalofen 36 Stunden lang
gebrannt hat. Alsdann wird die Birne durch ein Koksfeuer getrocknet und mit flüssigem Eisen gefüllt.

Das Windfrischen beginnt mit dem Anlassen des Windes
und dem gleichzeitigen Hochstellen der gefüllten Birne. Der Druck
des aus den feinen Bodenöffnungen ausströmenden Windes muß
so groß sein, und die Ausströmung muß so kontinuierlich erfolgen,
daß niemals Eisen in diese Öffnungen eindringen kann, da sie
sonst sehr bald verstopft werden würden. Der Sauerstoff des
Windes verbrennt beim Durchgang durch das Eisen zunächst
das Silizium zu Kieselsäure (SiO_2) und das Mangan zu Manganoxydul (MnO), wobei viel Wärme entwickelt wird (Fig. 34). Während
dieser Feinperiode, die etwa 12 Minuten dauert, entweicht aus dem
Birnenhalse eine rötlich-gelbe Flamme, und zahlreiche Funken
werden ausgeworfen. Alsdann beginnt eine lebhafte Verbrennung
des Kohlenstoffes im Eisen zu Kohlenoxyd. Dieses Gas bringt
das Bad zum heftigen Aufwallen, was sich durch ein donnerndes
Getöse bemerkbar macht. Das Gas schießt mit großer Gewalt
zum Birnenhals hinaus und verbrennt mit einer großen bläulich-

weißen Stichflamme zu Kohlensäure. Je mehr der Kohlenstoff des Eisenbades abnimmt, um so schwächer und durchsichtiger wird die Flamme, bis sie schließlich ganz verschwindet. Das Eisen ist nun entkohlt und in schmiedbares Eisen umgewandelt.

Der Verlauf der einzelnen Stadien des Prozesses kann durch eine spektroskopische Flammenbeobachtung noch genauer geprüft werden. Sobald nämlich der ganze Kohlenstoff aus dem Bade entfernt ist, verschwinden die grünen Streifen (Manganlinien) im Spektrum; dies ist das Zeichen dafür, daß das Blasen eingestellt werden muß.

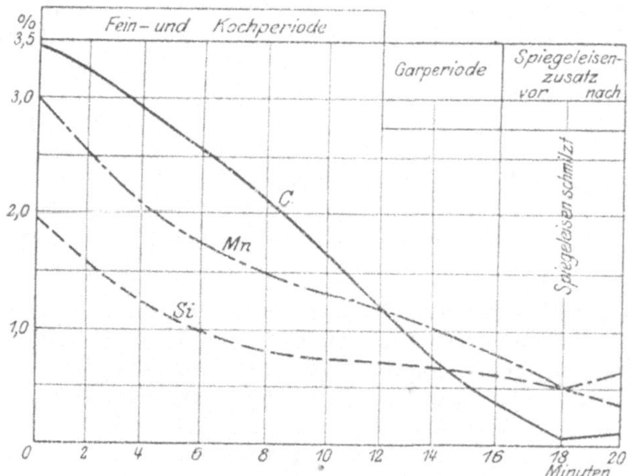

Fig. 34. Verlauf des Bessemerprozesses.

Die großen Mengen der durch das Bad gepreßten Luft bewirken eine sehr rasche Verbrennung der Verunreinigungen, so daß der Prozeß schon nach 15—20 Minuten beendet ist. Aber neben den Verunreinigungen verbrennt auch etwas Eisen zu Eisenoxydul. Ein Teil davon bildet mit der Kieselsäure, die durch die Verbrennung von Silizium entstanden ist, eine Schlacke von kieselsaurem Eisenoxydul, welche auf dem Bade schwimmt. Ein anderer Teil des Eisenoxyduls aber wird vom Eisenbade aufgelöst. Ein solches Eisen würde technisch nicht verwendbar sein, weil das Eisenoxydul ebenso wie der Schwefel das Eisen rotbrüchig macht. Man muß daher zunächst die im Eisenbade gelöste Eisenoxydulmenge entfernen, das Bad desoxydieren, dann aber auch dem völlig entkohlten Bade diejenige Kohlenstoffmenge zuführen, die erforderlich ist, um dem Eisen die verlangte Festigkeit und

Härte zu verleihen. Zu diesem Zwecke dreht man die Birne in die wagerechte Lage, stellt den Wind ab und führt, nachdem man sich durch eine Schöpf- und Schmiedeprobe von der Erreichung des gewünschten Entkohlunsgrades überzeugt hat, dem Bade eine entsprechende Menge Spiegeleisen und Ferromangan zu. Dann richtet man die Birne wieder auf und bläst noch einige Sekunden lang, um eine gleichmäßige Mischung zu erhalten. Das Mangan reduziert das Eisenoxydul und das entstandene Manganoxydul geht in die Schlacke.

$$FeO + Mn = Fe + MnO$$

Dieses Verfahren nennt man Rückkohlen.

Das Rückkohlen stellt einen Umweg dar, wie das nachstehende Schema zeigt, und der Gedanke liegt nahe, das Blasen dann zu unterbrechen, wenn das Bad bis auf den gewünschten Kohlenstoffgehalt entkohlt ist. Wegen der kurzen Dauer des Prozesses ist es aber sehr schwierig, diesen Augenblick abzupassen, weshalb man allgemein das Rückkohlen anwendet.

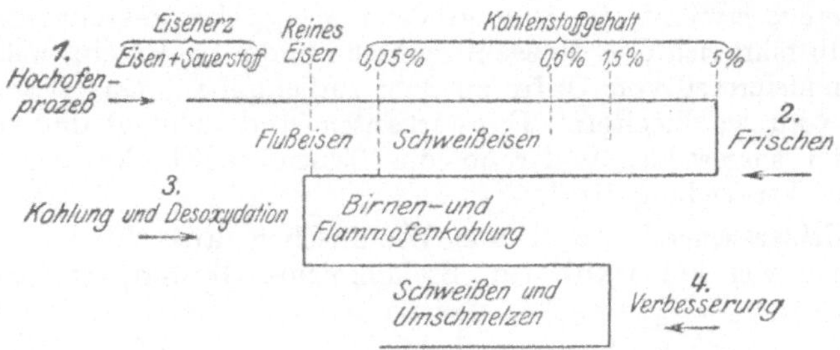

Eine Bessemercharge ist in 20—30 Minuten beendet. Dann wird der Inhalt der Birne in eine Gießpfanne entleert und der Konverter kann sofort wieder mit einem neuen Einsatz beschickt werden. Der Abbrand beim Bessemerprozeß beträgt 8—12%. Drei Bessemerbirnen von je 15 t Inhalt erzeugen in 24 Stunden 600 t Flußeisen.

Durch den Bessemerprozeß lassen sich alle Verunreinigungen bis auf Phosphor und Schwefel aus dem Bade entfernen. Da diese aber das Eisen unbrauchbar machen würden, ist es erforderlich, daß der Prozeß mit einem phosphor- und schwefelarmen und siliziumreichen Eisen, dem sog. Bessemereisen ausgeführt wird. Das Bessemereisen enthält 1—2% Si, 0,5—2% Mn, aber höchstens 0,1% P und 0,02% S. Ein solches Roheisen kann im Hochofen aber nur aus phosphorarmen Erzen im heißen garen Gange erblasen werden. Der Bessemerprozeß ist daher von besonderer

Wichtigkeit für alle Länder, die phosphorarme Erze besitzen, namentlich für England und Amerika. In Deutschland dagegen hat der Bessemerprozeß keine große Bedeutung erlangt, weil die meisten deutschen Eisenerze reich an Phosphorsäure sind.

Da der graphitische Kohlenstoff des grauen Bessemerroheisens nur schwer verbrennlich ist, so ist das im Bessemerprozeß erzeugte Eisen stets etwas kohlenstoffreich. Das Bessemerverfahren wird daher überhaupt nur zur Erzeugung harten Eisens, des Flußstahls, benutzt.

Nach der Erfindung des Bessemerprozesses war es möglich, die Produktion von schmiedbarem Eisen so wesentlich zu erhöhen, daß nunmehr eine wirkliche Massenfabrikation eintreten konnte. Wie groß der Fortschritt gegenüber dem Flammofenfrischen war, geht aus folgenden Zahlen hervor. Ein Puddelofen kann in 24 Stunden nur 3—5 t Roheisen verarbeiten, während der Bessemerofen dieselbe Menge in 20 Minuten erzeugt.

Das Bessemereisen hat seiner völligen Schlackenfreiheit wegen eine größere Festigkeit als das Schweißeisen und kann, wie bereits erwähnt, in viel größerer Menge hergestellt werden. Deshalb führt sich der Bessemerprozeß immer mehr ein, während der Puddelprozeß von Jahr zu Jahr zurückgeht. Das Bessemereisen wird zu Blechen, Bauwerkseisen und Eisenbahnbedarfsmaterial ausgewalzt, während die Bessemerschlacke keine besondere Verwendung findet.

Kleinbessemerei. Soll das Windfrischen ausschließlich zum Erblasen von Flußstahl für Stahlformguß dienen, so benutzt

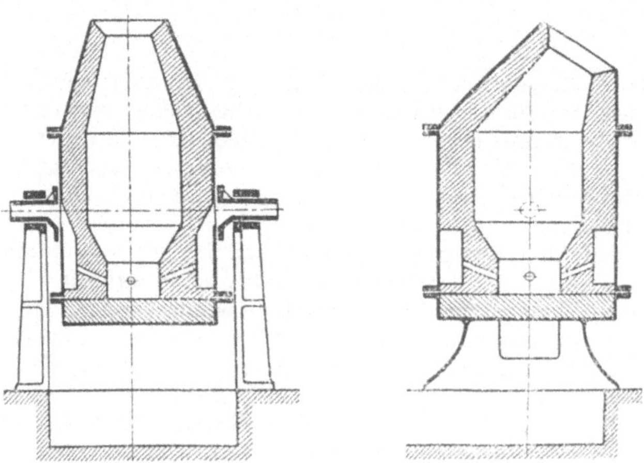

Fig. 35—36. Kleinbessemerbirne.

man Kleinkonverter von 1—3 t Einsatz. Der Kleinkonverter (Fig. 35—36) besitzt ebenfalls eine birnenförmige Gestalt, doch ist sein Boden massiv und der Wind wird mit der geringen Pressung von 0,3 at seitlich in das Bad eingeleitet. Durch diese Anordnung der Düsen wird die Haltbarkeit des Futters erhöht, und der ganze Oxydationsvorgang verläuft langsamer und übersichtlicher. Der Kleinkonverter wird fast durchweg sauer zugestellt; sein Einsatz muß im Kupolofen sehr heiß niedergeschmolzen werden. Der Verlauf des Schmelzprozesses ist derselbe wie bei den großen Konvertern.

Das in der Kleinbessemerbirne erzeugte Metall kann je nach der verlangten Festigkeit und Dehnung in den verschiedensten Härtegraden durch Zugabe von Kohlungsmitteln erzeugt werden. Es wird sowohl für ganz weiche Formgußstücke verwendet, wie sie z.B. die Gestelle der Dynamomaschinen und Motoren erfordern, als auch für mittelharte und harte Qualitäten.

Der Thomasprozeß.

Um phosphorreiches Roheisen im Konverter verarbeiten zu können, mußte das kieselsäurehaltige Futter durch ein basisches Futter ersetzt werden. Nur so war es möglich, den Phosphorgehalt des Eisens in eine durch Kalkzuschlag erzielte basische Schlacke überzuführen. Im Jahre 1878 gelang es den Engländern Thomas und Gilchrist, ein geeignetes basisches Futter aus gebranntem Dolomit (CaO + MgO) herzustellen, und im darauffolgenden Jahre wurde das Thomasverfahren in Deutschland eingeführt. Für die Entwickelung der deutschen Eisenindustrie hat dieses Verfahren eine außerordentlich große Bedeutung erlangt, da Deutschland große Lager phosphorreicher Erze (Minette) besitzt, die früher nicht verhüttet werden konnten, nun aber sehr wertvoll wurden. Durch das Thomasverfahren wurde Deutschland von der englischen Konkurrenz unabhängig, und erst von dieser Zeit an begann die großartige Entwickelung der deutschen Eisenindustrie.

Die Thomasbirne hat dieselbe Form wie die Bessemerbirne und unterscheidet sich von letzterer nur durch die basische Ausfütterung mit Dolomitsteinen. Um diese herzustellen ist auf jedem Hüttenwerk eine eigene Dolomitanlage mit Steinbrechern, Kupolöfen, Glockenmühlen, Kollergängen, Mischapparaten, Teerkochern, hydraulischen Pressen und Kanalöfen erforderlich. Der Boden kann wieder, wie bei der Bessemerbirne als Nadel- oder Düsenboden ausgeführt werden, nur wird bei der Herstellung desselben als Stampfmasse Dolomit verwendet.

Soll der Konverter in Betrieb gesetzt werden, so wird er zunächst bis zur hellen Rotglut angewärmt und alsdann mit gebranntem Kalk beschickt. Hierauf wird das aus dem Mischer kommende flüssige Roheisen eingegossen, gegebenenfalls unter Zusatz von Schrott. Der Thomasprozeß verlangt ein weißes, möglichst phosphorreiches und siliziumarmes Roheisen, das etwa folgende Zusammensetzung hat: 0,2—0,5% Si, 0,8—1,3% Mn, höchstens 0,08% S und 1,7—2,2% P. Ein größerer Siliziumgehalt ist nicht erwünscht, da er zur Verschlackung sehr viel Kalk erfordern und die Wandungen angreifen würde. Nach dem Eingießen des Roheisens wird der Wind angelassen und die Birne hochgestellt. Der Wind strömt nun durch das Bad und verbrennt zunächst wieder Silizium und Mangan, die mit dem Kalk

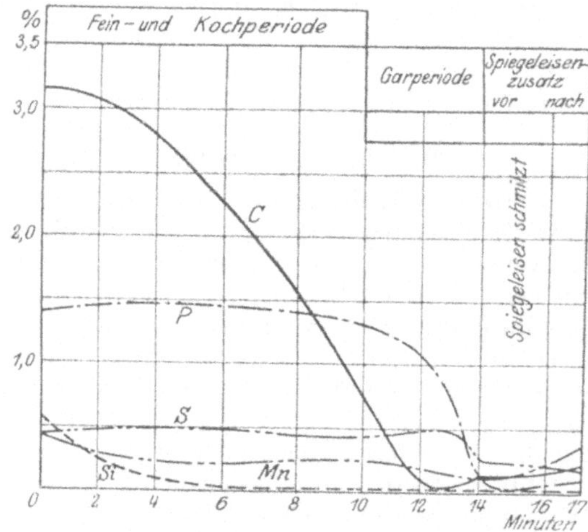

Fig. 37. Verlauf des Thomasprozesses.

eine basische Schlacke bilden (Fig. 37). Diese Periode ist durch eine kurze, gelbrote Flamme gekennzeichnet. Alsdann verbrennt der Kohlenstoff des Eisens zu Kohlenoxyd, wobei sich die charakteristische bläulich-weiße Flamme zeigt. Nach 10—15 Minuten ist das Bad nahezu entkohlt, und nun erst verbrennt der Phosphor in der sog. Nachblasezeit, die etwa 3 Minuten dauert, zu Phosphorsäure, die mit dem in der Schlacke im Überschuß gelösten Ätzkalk ein basisches Calciumphosphat von der Formel $P_2O_5 \cdot 4\,CaO$ bildet.

Als Heizmittel wirkt beim Thomasprozeß der Phosphor. Die hohe Erwärmung des Bades tritt aber erst am Ende des Prozesses ein, während beim Bessemerprozeß das Bad gleich zu Anfang durch die Oxydation des Siliziums stark erhitzt wird. Wenn das Nachblasen beendet ist, wird die Birne wieder in die wagerechte Lage gedreht, worauf der Wind abgestellt, und eine Schöpfprobe genommen wird. Die Probe wird in eine kleine Form gegossen, unter dem Dampfhammer ausgeschmiedet, in Wasser abgekühlt und gebrochen. Aus dem Aussehen des Bruches kann der Bläser den Phosphorgehalt der Probe auf $0,01\%$ abschätzen und danach bestimmen, ob und wie lange die Charge nochmals durchgeblasen werden muß. Die Charge ist gut, wenn die Probe einen feinkörnigen Bruch und glatten Rand zeigt. Nach Beendigung des Prozesses wird die Schlacke abgegossen, und dann erst dem Bade zur Desoxydation und Rückkohlung Ferromangan und Spiegeleisen zugesetzt. Würde man die Zusätze dem Bade vorher geben, so würden die Kohlungsmittel den Phosphor wieder aus der Schlacke reduzieren und in das Eisen treiben. Die Rückkohlung kann auch durch pulverisierte Holzkohle (Darbyverfahren) oder durch Kohlenziegel, die mit gelöschtem Kalk als Bindemittel hergestellt sind (Düdelingerverfahren), erzielt werden. Der Zusatz von Ferromangan und Spiegeleisen richtet sich wieder nach dem Kohlenstoff- und Mangangehalt des Endproduktes. Gewöhnlich hat das Thomasflußeisen einen Kohlenstoffgehalt von $0,1—0,4\%$. Der Abbrand beim Thomasverfahren beträgt $12—15\%$.

Das Thomasroheisen läßt sich im Hochofen bei kaltem Gange erblasen, also billiger herstellen als das Bessemerroheisen, das einen heißen Gang erfordert. Da aber das bei kaltem Gange erblasene Roheisen viel Schwefel aufnimmt, der das Eisen rotbrüchig macht, so muß man diesen aus dem Eisen entfernen. Dies geschieht in einfacher Weise im Mischer, wo beim Abstehen des Roheisens der Schwefel ausseigert und mit dem Mangan eine Schlacke bildet, die sich auf der Oberfläche des Metalles abscheidet und in einfacher Weise durch Abgießen entfernt werden kann. Auch dies ist ein Grund, weshalb das Thomasverfahren den Bessemerprozeß in Deutschland fast vollständig verdrängt hat.

Ein weiterer Vorteil des Thomasprozesses besteht darin, daß die Schlacke, welche beim Thomasprozeß fällt, ein sehr wertvolles Nebenprodukt ist. Sie besteht hauptsächlich aus Kalk und $12—25\%$ Phosphorsäure und wird des letzteren Gehaltes wegen als Düngemittel in der Landwirtschaft verwendet. Die Thomasschlacke bedarf keines besonderen chemischen Aufschließens, sondern braucht nur fein gemahlen zu werden. Wenn die Schlacke in dieser Form dem Ackerboden zugeführt wird, so wird derjenige Teil der Phosphorsäure, der in den Humussäuren löslich ist, von den Pflanzen aufgenommen. Dieser Anteil hängt von dem Gehalt des Mehles an Kieselsäure ab und kann in einfacher Weise dadurch erhöht werden, daß man der Schlacke beim Abgießen Kieselsäure in Form von trockenem Sande zusetzt.

Die Menge der Schlacke, die beim Thomasprozeß fällt, beträgt etwa $^1/_4$ der Stahlmenge, die gleichzeitig erzeugt wird. Da die Schlacke sehr wertvoll ist, erwächst der Eisenindustrie aus ihrem Verkauf ein hoher Nebenverdienst.

Zuweilen findet die Thomasschlacke auch als Zuschlag beim Hochofenbetrieb Anwendung. Das ist der Fall, wenn die zur Verfügung stehenden Eisenerze nicht genügend Phosphor besitzen, um ein geeignetes Thomaseisen zu erzeugen.

Obwohl der Thomasstahl sich in jedem beliebigen Härtegrade herstellen läßt, werden doch hauptsächlich die weichen und mittelharten Sorten verwendet. Man benutzt ihn, ebenso wie den Bessemerstahl, zur Erzeugung von Blechen, Bauwerkseisen und Eisenbahnbedarfsmaterial. Wenn aber große Geschmeidigkeit, leichte Schweißbarkeit und Schmiedbarkeit in Betracht kommen, so ist der Thomasstahl dem Bessemerstahl bei weitem überlegen.

Der Siemens-Martin-Prozeß.

Im Jahre 1865 gelang es den Franzosen Emile und Pierre Martin in Sireuil durch Zusammenschmelzen von Roheisen und schmiedeeisernen Abfällen in einem Flammofen Flußeisen zu erzeugen. Dabei benutzten sie zur Erzeugung der für diesen Schmelzprozeß erforderlichen hohen Temperatur die von Fr. Siemens erfundene Regenerativfeuerung, weshalb das Verfahren mit Recht als Siemens-Martin-Prozeß bezeichnet wird. Der chemische Vorgang besteht hierbei hauptsächlich nur in einer einfachen Lösung des kohlenstoffärmeren Schmiedeeisens in dem kohlenstoffreicheren Roheisen mit nur geringer Oxydation. Diese wird teils durch den Sauerstoff der Heizgase, teils durch den Sauerstoff von Oxyden herbeigeführt, welche in Form von Walzensinter, Hammerschlag oder reinen Erzen zugeschlagen werden.

Der Siemens-Martinofen (Fig. 38) ist ein Flammofen, dessen muldenförmiger Herd von gußeisernen Platten getragen wird, die zwecks Abkühlung unten von Luft umspült werden. Je nachdem silizium- oder phosphorreiche Roheisensorten vorliegen, muß der Herd sauer oder basisch zugestellt werden. Bei dem sauren Verfahren hat der Ofen einen aus Quarzsand mit Ton, beim basischen Verfahren einen aus Dolomit und Teer aufgestampften Herdboden. In der Vorderwand des Ofens befinden sich drei Einsatztüren, während in der Rückwand im tiefsten Punkte der Herdsohle das Abstichloch vorgesehen ist. Unter dem Herde liegen auf jeder Seite ein Paar Wärmespeicher (Regenera-

toren) für Luft und Gas, die aus einem Gitterwerk von feuerfesten Dinassteinen bestehen. Ist der Ofen in Betrieb, so strömen
durch das eine Kammerpaar die abziehenden, noch heißen Gase
des Ofens hindurch, ihre Wärme im Mauerwerk des Wärmespeichers abgebend. Nach Verlauf einer bestimmten Zeit, wenn
die Temperatur in den Kammern entsprechend gestiegen ist,
wird umgesteuert, d. h. der Gasstrom erhält entgegengesetzte
Richtung wie zuvor. Das vom Gaserzeuger kommende Gas strömt
durch den einen, die Verbrennungsluft durch den zweiten der zuvor
erhitzten Wärmespeicher nach dem Ofen, hierbei Wärme auf-
nehmend; im erhitzten Zustande treffen Gas und Luft über dem

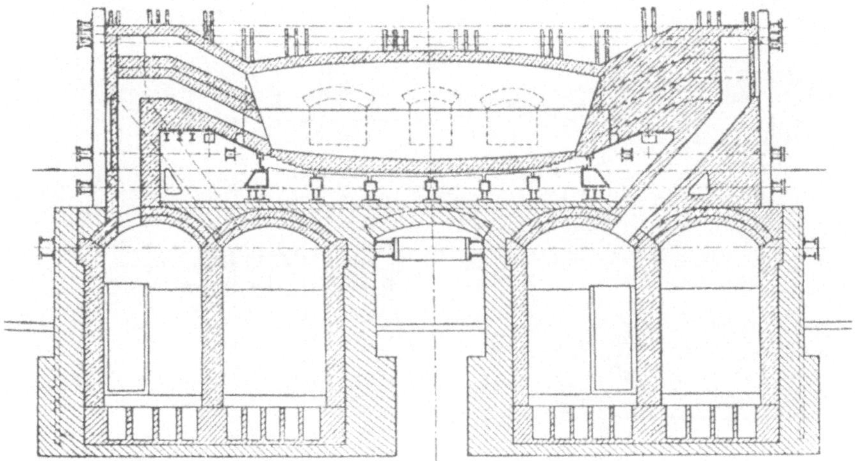

Fig. 38. Siemens-Martinofen.

Ofenherde zusammen und verbrennen hier unter Entwicklung
einer hohen Temperatur. Die aus dem Ofen abziehenden Gase
aber heizen nunmehr die gegenüberliegenden Kammern, bis aufs
neue umgesteuert wird.

Als Umschaltsvorrichtung für den Luft- und Gasstrom wird
vielfach ein Forterventil (Fig. 39—40) verwendet. Dasselbe besteht
aus einem gußeisernen Untersatz mit drei Öffnungen, von denen
die äußeren mit je einer Gaskammer, die mittelste mit dem Kamin
in Verbindung steht. Auf dem Untersatz ruht ein aus starken
eisernen Blechen bestehendes Gehäuse mit Reinigungsklappen, in
welchem eine durch Hebel bewegliche eiserne Haube, die einen
Wasserabschluß besitzt, die eine Gaskammer mit dem Kamin

verbindet. Das Generatorgas tritt von oben in das Gehäuse ein
und strömt in der Pfeilrichtung in die andere Kammer.

Das für die Siemensfeuerung erforderliche Gas wird in Genera-
toren erzeugt, während die zur Verbrennung des Gases nötige
Luft durch den Schornsteinzug angesaugt wird. Durch die genaue
Regelung der zur Verbrennung erforderlichen Luftmenge und durch

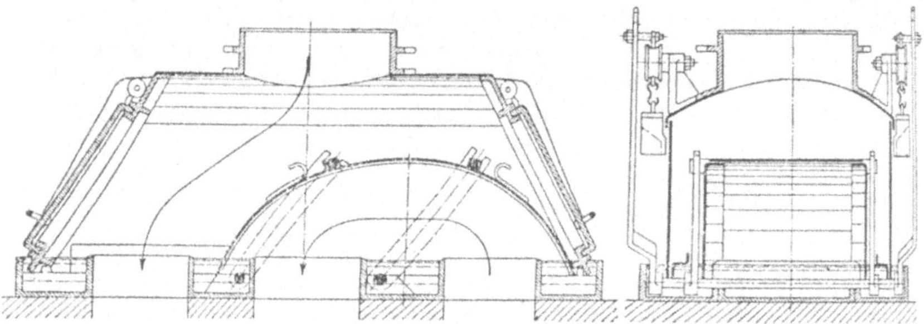

Fig. 39—40. Forterventil.

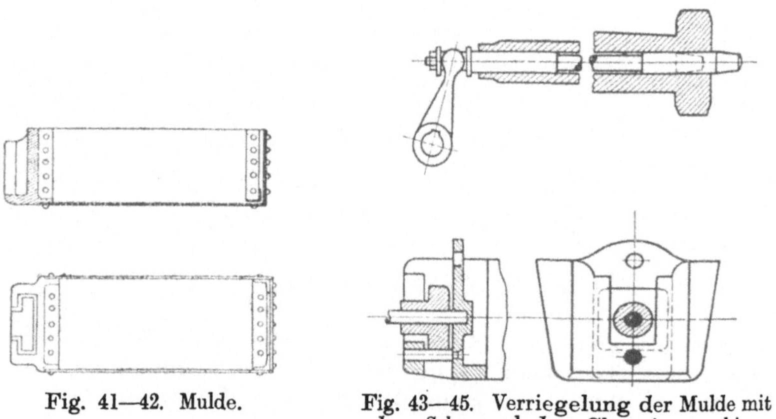

Fig. 41—42. Mulde.   Fig. 43—45. Verriegelung der Mulde mit
                              dem Schwengel der Chargiermaschine.

Vorwärmung der Luft und Heizgase in den Wärmespeichern auf
etwa 900⁰ ist es möglich im Ofen eine Temperatur von 1700—2000⁰
zu erzeugen, bei der selbst das weichste Schmiedeeisen schmilzt.

Die Martinöfen werden mit flüssigem oder festem Roheisen,
sowie mit schmiedeeisernen Abfällen (Schrott) oder Erz beschickt.
Diese Arbeit erfolgt nur noch selten von Hand; in der Regel benutzt man hierfür Chargiermaschinen, wodurch die Arbeit be-

schleunigt und die Ofenleistung erhöht wird. Die Chargiermaschinen werden entweder längs der Öfen auf Schienen laufend oder als Chargierkrane ausgeführt. Sie nehmen die Schmelz- und Zuschlagsmaterialien in eisernen Mulden auf (Fig. 41—42), welche mit dem Schwengel der Chargiermaschine durch einen einfachen Riegel (Fig. 43—45) oder durch eine Muffenkupplung verbunden werden. Der Schwengel führt die beladenen Mulden in den Ofen hinein, kippt sie durch Drehung aus und zieht die leeren Mulden dann wieder aus dem Ofen heraus.

Um das Einsetzen von sperrigem Schrott zu erleichtern, hat man schwere hydraulische Pressen konstruiert, in denen große Haufen Schrott zu dichten festen Paketen zusammengepreßt werden, die sich durch die Chargiermaschinen verhältnismäßig leicht in die Öfen einführen lassen.

Wenn der Martinofen mit flüssigem Roheisen aus dem Hochofen oder dem Mischer beschickt werden soll, so läßt man das Roheisen in eine Pfanne fließen, die durch einem Kran oder einen Gießwagen vor den Ofen gebracht wird. Dann wird der Inhalt der Pfanne mittelst Rinne durch eine der Einsatztüren in den Ofen entleert.

Der Betrieb des Siemens-Martinofens. Man unterscheidet zwei Arbeitsweisen: das Schrottschmelzverfahren und das Erzschmelzverfahren.

Beim Schrottschmelzverfahren werden etwa $70^0/_0$ Schrott und $30^0/_0$ Roheisen aufgegeben; letzteres darf für das basische Verfahren eine nahezu beliebige Zusammensetzung haben, während für das saure Verfahren das Roheisen höchstens $0,1^0/_0$ Phosphor und $0,1^0/_0$ Schwefel enthalten darf. Zur Schlackenbildung wird beim basischen Prozeß Kalk, beim sauren alte saure Schlacke hinzugefügt. Während des Schmelzens ist die Regelung der Luft- und Gaszufuhr von größter Wichtigkeit. Zunächst verbrennt Silizium, Mangan und ein Teil des Kohlenstoffes durch den Sauerstoff der über den Herd streichenden Flamme. Zur Beschleunigung der Entkohlung setzt man dem Bade noch sauerstoffhaltige Erze, wie Roteisenstein, oder auch Hammerschlag und Walzensinter zu, worauf das in den Erzen enthaltene Eisenoxyd durch den Kohlenstoff des Eisens reduziert und Kohlenoxyd gebildet wird, das das Bad zum lebhaften Schäumen bringt (Kochperiode). Zum Schluß verbrennt der Phosphor zu Phosphorsäure-Anhydrit (P_2O_5), das mit dem Kalk phosphorsauren Kalk bildet. Wenn das Frischen beendigt ist, wird mit einem Schöpflöffel eine Probe genommen und in eine Form gegossen. An der Art und Weise des Erstarrens erkennt der Hüttenmann die Härte und Temperatur des Bades. Bei zu großer Härte wird das Schmelzen fortgesetzt, bis eine neue

Probe zeigt, daß die Charge weich genug ist. Alsdann werden die zur Desoxydation und Kohlung erforderlichen Zusätze von Spiegeleisen und Ferromangan in den Ofen gegeben und das Bad sofort in eine Pfanne abgestochen und in Kokillen vergossen.

Nach beendigtem Abstich wird der Herd nachgesehen, ausgebessert und ein neues Schmelzen kann beginnen. Der Einsatz beträgt 15—50 t; der Abbrand 6—8% davon. Beim Roheisenschrottprozeß werden nur geringe Mengen von Schlacke gebildet, die jedoch kein wertvolles Nebenerzeugnis darstellen. Nur zuweilen wird die Schlacke wegen ihres Eisen-, Mangan- und Phosphorgehaltes als Zusatz für die Hochofenbeschickung benutzt.

Das Erzschmelzverfahren besteht in einem Zusammenschmelzen von Roheisen mit sauerstoffhaltigen Erzen, z. B. Rot- und Magneteisensteinen, wobei die Oxydation der im Roheisen enthaltenen Verunreinigungen sowohl durch den Sauerstoff der Flamme, als auch durch den Sauerstoff des Erzes erfolgt. Bei diesem Verfahren erzielt man eine direkte Gewinnung von metallischem Eisen aus den zugefügten Eisenerzen. Dies hat zur Folge, daß der Ofen trotz des Abbrandes etwas mehr fertiges Produkt zu liefern vermag, als ihm dem Gewichte nach an Roheisen zugeführt worden ist.

Die Inbetriebsetzung des Ofens gestaltet sich folgendermaßen: Es wird gebrannter Kalk, ein möglichst eisenreiches und reines Erz und etwas Alteisen in den Ofen eingesetzt und dann das aus dem Mischer kommende flüssige Roheisen langsam daraufgegossen. Das Bad gerät bald in ein heftiges Schäumen und erfährt dann die gleiche Weiterbehandlung wie beim Schrottverfahren.

Da beim Roheisenerzverfahren die zur Verarbeitung kommenden Erze immer reich an Kieselsäure sind, so muß dem Herde viel Kalk zugeführt werden. Die Folge davon ist, daß bei diesem Prozeß reichliche Mengen von Schlacke fallen. Häufig verwendet man als Einsatz für das Erzschmelzverfahren ein Roheisen von hohem Phosphorgehalt und erhält alsdann eine phosphorreiche Schlacke, die ebenso wie die Thomasschlacke einen hohen Wert als Düngemittel besitzt. Um den Phosphorgehalt des Metalles bis auf die kleinste Menge herunterzuarbeiten, werden verschiedene Arbeitsverfahren angewendet, von denen die wichtigsten sind:

1. Das Bertrand-Tiehl-Verfahren. Es wird auf zwei basische Martinöfen verteilt, und zwar wird das phosphorreiche Roheisen im ersten Ofen unter Erz- und Kalkzuschlag vorgefrischt, wobei neben Silizium und Mangan der Phosphor abgeschieden wird. Alsdann wird, nachdem die phosphorreiche Schlacke abgegossen ist, das Fertigfrischen und die Rückkohlung im zweiten Ofen unter einer neuen, starkbasischen Schlacke vorgenommen.

2. Beim Höschverfahren führt man die Zweiteilung des obigen Prozesses nur in einem einzigen Ofen aus, und zwar in folgender Weise: Nachdem Kalk, Erz und Walzensinter auf den Herd gebracht worden sind, gibt man das flüssige Roheisen zu, sticht das vorgefrischte Metall in eine Pfanne ab, entfernt durch Kippen die Schlacke völlig und gießt das Bad wieder in denselben Ofen zurück, wo es unter Zusatz neuer Schlackenmittel zu Ende gefrischt wird. In dem ersten Arbeitsabschnitt wird hauptsächlich der Phosphor entfernt, während in dem zweiten das Bad entkohlt wird.

3. Das Duplexverfahren eignet sich für ein Roheisen, dessen Phosphorgehalt für ein Thomaseisen zu niedrig und für ein Bessemereisen zu hoch ist, also für ein Roheisen von etwa $1,5\%$ Si und $0,5\%$ P. Dieses wird zunächst im Bessemerofen bis auf $1,5\%$ Kohlenstoffgehalt heruntergeblasen und dann im basischen Martinofen vom Phosphor befreit.

4. Beim Talbotverfahren, das hauptsächlich in England und Amerika verbreitet ist, wird Roheisen in großen kippbaren Martinöfen von 100—300 t Fassung gefrischt, und zwar macht man zunächst eine Charge aus Kalk, Erz, Schrott und Roheisen fertig und gießt dann, nachdem die Brennerköpfe abgerückt worden sind, durch Kippen des Ofens nur etwa ein Viertel des Inhalts in eine Pfanne ab, in welche gleichzeitig Ferromangan und Spiegeleisen zugesetzt werden. Dann gibt man wieder Erz und Kalk in den Ofen und füllt Roheisen nach. Das Talbotverfahren nutzt den Ofeninhalt als Wärmespeicher aus; infolge dessen verläuft der Prozeß sehr schnell.

In neuerer Zeit hat man auch mit Erfolg versucht das Roheisen durch Zusatz von Erz und Kalk in einem kippbaren Flachherdmischer vorzufrischen und dann in einem gewöhnlichen Martinofen fertig zu frischen.

Obwohl die Temperatur in den Martinöfen so hoch als möglich gesteigert wird, erfordert der Verlauf einer Charge doch 5—7 Stunden. Die Produktionsfähigkeit eines Martinofens ist demnach in der Zeiteinheit wesentlich geringer als die eines Konverters. Ferner ist zu beachten, daß der Betrieb eines Martinofens die dauernde Zuführung von Heizgas erfordert, während der Konverter ohne besondere Heizung arbeitet. Diesen Nachteilen steht aber der wichtige Vorteil gegenüber, daß der Martinofenbetrieb vollkommen selbständig für sich durchführbar ist, denn der Ofen bedarf nur einer Generatorgasanlage, während die Bewegung der Heizgase durch den Schornsteinzug bewirkt wird. Das Windfrischen kann dagegen mit Vorteil nur von großen Hüttenwerken ausgeführt werden, die Hochöfen, Mischer und große Gebläseanlagen besitzen.

Ein Martinofen von 50 t Inhalt liefert täglich etwa 200 t Stahl. Stellt man mehrere solche Öfen nebeneinander, so kann man dieselbe Tagesproduktion eines großen Bessemer- oder Thomaswerkes erreichen.

Für Hüttenwerke, die gleichzeitig Walzwerke besitzen, ist eine Martinofenanlage von ganz besonderem Wert, weil sie die zahlreichen Walzwerksabfälle als Schrot weiter zu verarbeiten gestattet. Eine anderweitige Verarbeitung dieser Abfälle, z. B. durch Schweißen, ist nicht möglich, da Bessemereisen nicht dieselbe Schweißbarkeit wie das Schweißeisen besitzt. Eine Verwertung der Abfälle kann daher nur durch Verflüssigung im Martinofen erfolgen.

Beim Bessemer- und Thomasprozeß können infolge des raschen Verlaufes die Nebenbestandteile nicht so gründlich entfernt werden wie beim Martinverfahren. Die ersteren Prozesse eignen sich daher mehr zur Erzeugung von Eisen für Massenbedarf, an dessen Eigenschaften nicht so hohe Anforderungen gestellt werden. Beim Martinverfahren dagegen findet in dem mehrstündigen Arbeitsprozeß eine viel gründlichere Reinigung des Eisenbades statt; auch kann jede gewünschte Eisensorte von genau vorgeschriebener Zusammensetzung erhalten werden. Da ferner das Siemens-Martineisen durch Walzen und Schmieden oder durch Gießen weiter verarbeitet werden kann, und zumal das basisch erzeugte und entphosphorte Eisen vorzüglich schweißbar ist, so erklärt es sich, daß heutzutage die größte Menge Flußeisen im Martinofen erzeugt wird.

Bessemer-, Thomas- und Siemens-Martinstahl von 0,25 bis 0,7 % C stellen ein hochwertiges Flußeisen von großer Festigkeit dar, das gut schmiedbar, schlecht schweißbar, bei niedrigem Kohlenstoffgehalt schlecht, bei größerem Gehalt gut härtbar ist. Wegen seiner großen Festigkeit wird dasselbe im Maschinenbau für stark beanspruchte Teile viel verwendet und führt den Namen Maschinenstahl.

3. Die Veredelung der Metalle.

Mittel zur Erzielung dichter Güsse.

Der größte Teil des Flußeisens wird in Kokillen, das sind eiserne Formen von rechteckigem Querschnitt, vergossen, in denen es zu Blöcken (Ingots) erstarrt. Die Kokillen haben eine solche Form, daß der Block die Gestalt einer abgestumpften Pyramide besitzt. Sie werden vor dem Vergießen im Innern mit einer Mischung von Graphitwasser und Ton bestrichen und dann stark angewärmt. Das Gießen geschieht gewöhnlich durch einen Trichter von unten (steigender Guß). Dieses Gießverfahren ist teurer als das Gießen von oben, hat aber den Vorteil, daß dadurch eine dichtere und gleichmäßigere Qualität des Stahles erzeugt wird. Man setzt gewöhnlich 4 oder 6 Kokillen um ein Eingußrohr herum, das mit den Kokillen durch Kanalsteine verbunden ist. Sobald das Flußeisen in den Kokillen erstarrt ist, werden letztere von den Blöcken mit Hilfe des Stripper-kranes abgezogen. Die glühenden Blöcke sind aber zunächst im Innern noch flüssig und können daher in diesem Zustande noch nicht ausgewalzt werden, weil das flüssige Eisen dabei aus dem Innern herausspritzen und die Arbeiter verletzen würde. Um nun den Wärmeüberschuß des Blockinnern mit dem Wärmemangel der äußeren Kruste auszugleichen, setzt man die Blöcke in enge im Boden der Hütte angebrachte Gruben mit feuerfesten Wänden, die sog. Gjers-schen oder Durchweichungsgruben (Fig. 46), ein und überläßt sie dort 20—30 Minuten sich selbst. Die Blöcke geben alsdann aus ihrem Innern die Wärme an die Gruben-wände ab, so daß diese selbst rot-glühend werden und die Blöcke von außen heizen. Dabei nehmen die Blöcke diejenige gleichmäßige Temperatur an, in der sie schmied-bar oder walzbar sind. Die Durch-weichungsgruben gestatten also den Block ohne nochmalige vorherige

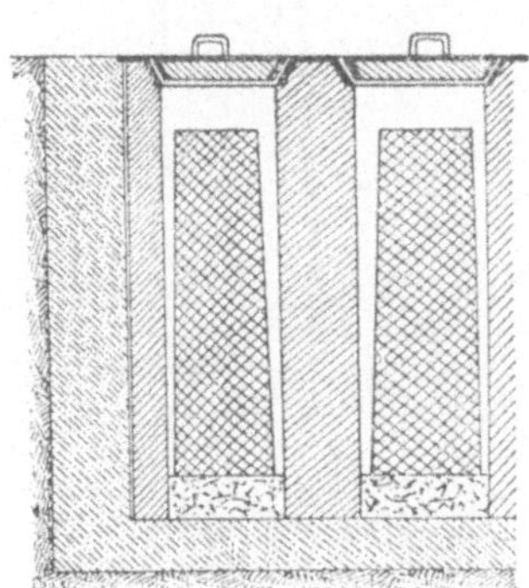

Fig. 46. Durchweichungsgruben mit Kokillen.

Erwärmung direkt einer weiteren Verarbeitung in den Walzwerken zuzuführen und ihn so mit derjenigen Wärmemenge, die ihm vom Stahlwerk aus mitgegeben worden ist, bis zum Fertigprodukte auszuwalzen. Da aber auch das Roheisen vom Hochofen dem Konverter in flüssiger Form zugeführt wird und dort ohne Wärme-zufuhr in Flußeisen umgewandelt wird, so ergibt sich das interessante Resultat, daß die durch Verbrennen von Koks im Hochofen er-zeugte Wärme vollkommen ausreicht, das Roheisen in Flußeisen umzuwandeln und dieses zum Fertigprodukt auszuwalzen.

Die Durchweichungsgruben, die auch Tieföfen oder Wärme-ausgleichsgruben genannt werden, werden in neuerer Zeit auch häufig mit einer Gasfeuerung versehen, um auch solche Blöcke, die in kaltem Zustande vom Stahlwerk kommen, auf die erforderliche Walztemperatur bringen zu können.

Das Vergießen des Flußeisens ist wegen seines hohen Gasgehaltes und Schwindmaßes eine der schwierigsten Arbeiten des Hüttenbetriebes. Wird das Flußeisen in Kokillen gegossen, so bleibt regelmäßig im Kopf des Blockes, der am längsten flüssig bleibt, ein Lunker zurück. Außerdem scheiden sich im Kopf Gasblasen und alle Teile, die zum Seigern neigen, insbesondere die Phosphorverbindungen aus, so daß der obere Teil des Blockes nicht nur von Hohlräumen durchsetzt ist, sondern auch eine andere chemische Zusammensetzung als der untere Teil hat. Bei der Erzeugung hochwertigen Materials (Wellen) muß man daher häufig den Kopf des Blockes durch Abschneiden entfernen. Da aber hierbei viel Abfall entsteht, hat man sich durch Anwendung geeigneter Verfahren bemüht, das Entstehen der Lunker und Seigerungen zu beseitigen.

Dies kann nach dem Verfahren von Riemer dadurch geschehen, daß der Kopf des Blockes durch Beheizung solange flüssig erhalten wird, bis das Blockinnere vollkommen erstarrt ist. Zu diesem Zwecke setzt Riemer auf den gegossenen Block eine Haube aus feuerfestem Material, die mit Gas- und Luftzuführungskanälen versehen ist, und erzeugt daselbst eine Flamme, die er auf die Blockoberfläche wirken läßt.

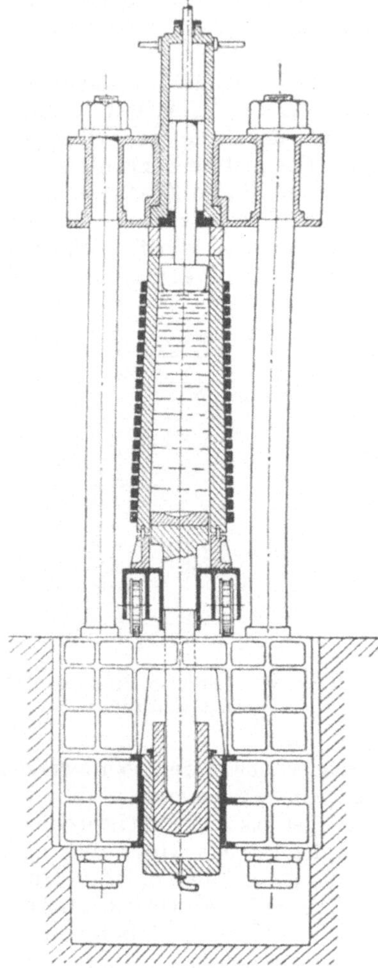

Fig. 47. Harmetpresse.

Ein anderes Verfahren zur Beseitigung der Lunker rührt von Harmet her. Dieser setzt den Block während der ganzen Erstarrungszeit in einer stark gepanzerten und nach oben sich verjüngenden Kokille (Fig. 47) unter starken hydraulischen Druck, der alle Poren im Materiale schließt.

Obwohl der größte Teil des durch das Birnen- oder Martinverfahren gewonnenen Stahles, des sog. weichen Stahles, zu Blöcken gegossen wird, die dann durch Walzen oder Schmieden in ein vorläufiges Fertigprodukt umgewandelt werden, so wird doch eine nicht unbeträchtliche Menge des erzeugten Stahles auf dem Wege des Gießens in endgültige Formen übergeführt. Der gegossene Stahl heißt Stahlguß oder Stahlformguß. Stahl läßt sich aber viel schwieriger als Gußeisen vergießen. Insbesondere ist es schwierig, dünnwandige Gußstücke aus Stahlguß herzustellen, weil man den Stahl im Martinofen nur in verhältnismäßig geringem Grade über seinen Schmelzpunkt erhitzen kann. Ferner stellt sich beim Erkalten des Stahlgußstückes infolge Schwindens die unvermeidliche Lunkerbildung ein. Man ist daher gezwungen den Stahlgußstücken große verlorene Köpfe zu geben, die den Lunker aufnehmen. Die verlorenen Köpfe stellen aber einen bedeutenden Materialverlust dar, da sie später abgeschnitten werden müssen. Das starke Schwinden des Stahlgusses hat ferner das Entstehen beträchtlicher Gußspannungen zur Folge, die sich nur durch ein vielstündiges Ausglühen der Gußstücke beseitigen lassen, wobei den Gußspannungen Gelegenheit gegeben wird, sich auszugleichen. Eine weitere Schwierigkeit bietet der Gasgehalt des Stahles, der ein lebhaftes Kochen und Aufwallen beim Vergießen herbeiführt und leicht blasige Güsse liefert. Um den Gasgehalt zu entfernen, läßt man den Stahl längere Zeit im Martinofen abstehen. Da sich hierbei aber von neuem Eisenoxydul bildet, so bedarf es großer Erfahrung, denjenigen Moment für den Abstich abzupassen, in dem eine Zusammensetzung des Bades vorliegt, die den Betriebsanforderungen entspricht.

Die Lösungsfähigkeit des Flußeisens für Gase kann durch Zusatz eines Desoxydationsmittels und durch die Anwesenheit einer nicht zu geringen Menge Kohlenstoff beträchtlich vermindert werden. Ein höherer Kohlenstoffgehalt verleiht dem Stahl eine tiefere Schmelzpunktslage, so daß er leichter zu überhitzen ist. Bei hoher Überhitzung wird aber die Schwimmfähigkeit und damit der Auftrieb sämtlicher unerwünschter Beimengungen begünstigt, die nun leichter das Metallbad durch Eintritt in die Schlacke verlassen können. Der Kohlenstoff erhöht aber die Härte des Flußeisens und verleiht ihm den Charakter von mittelhartem Stahl. Als Desoxydationsmittel wendet man Ferrosilizium, Ferromangan und Aluminium an, das sind Zusätze, welche die Eigenschaft besitzen, die Gase fest an das Metall zu binden. Will man den Stahl sogleich in die Form von Gebrauchsgegenständen gießen, so benutzt man als Desoxydationsmittel gewöhnlich Ferrosilizium und nennt den Stahl alsdann silizierten Stahl.

Die Festigkeitseigenschaften und die Dichte der Flußstahl-
blöcke lassen sich durch mechanische Bearbeitung, z. B. durch
Schmieden, Walzen und Ziehen wesentlich verbessern. Das
Schmieden der Stahlblöcke erfolgt im weißglühenden Zustand
unter Hämmern oder hydraulischen Pressen und hat den Zweck,
das gröbere kristallinische Gefüge, welches das Material nach dem
Gießen besitzt, in ein feineres, mehr sehniges Gefüge umzuwandeln.
Auch die Dichte des Materiales wird durch das Schmieden ver-
größert, da die im Block auftretenden Gasblasen und Schwin-
dungshohlräume dabei zusammengeschweißt werden. Die Folge
der Bearbeitung ist eine Zunahme der Festigkeit; aber gleichzeitig wächst auch die Sprödigkeit des Materiales, während seine
Zähigkeit abnimmt. Durch Ausglühen der geschmiedeten Stahl-
stücke und durch ein darauf folgendes langsames Abkühlen
läßt sich jedoch die Sprödigkeit beseitigen und die ursprüngliche
Zähigkeit wieder herstellen. Heute liegen die Verhältnisse so,
daß durch Schmieden eine bessere Qualität erzeugt werden kann
als durch Gießen, und deshalb werden lange Wellen, die einer
starken Beanspruchung ausgesetzt werden sollen, nicht unmittelbar gegossen, sondern aus einem Block unter dem Hammer ge-
streckt.

Der weiche Stahl läßt sich infolge seiner großen Dehnbarkeit
auch in kaltem Zustande zu Draht ausziehen. Hierdurch wird
seine Festigkeit beträchtlich gesteigert, die Zähigkeit aber mehr
und mehr verringert. Durch Ausglühen kann man jedoch die
ursprüngliche Zähigkeit des Drahtes wieder herstellen.

Das Glühfrischen oder Tempern.

Dünnwandige und stark beanspruchte Maschinenteile von
komplizierter Form können aus Flußeisen nicht hergestellt werden,
da dieses zu dickflüssig ist und zu stark schwindet. Auch die
Verwendung von grauem Gußeisen empfiehlt sich hierfür nicht,
da Grauguß spröde ist und bei starker Beanspruchung leicht
bricht. Man benutzt daher zur Herstellung solcher Teile ein
Weißeisen, welches in Sandformen gegossen wird, und entzieht
diesen Gußstücken den Kohlenstoff durch Ausglühen in Sauerstoff abgebenden Glühmitteln, z. B. in Roteisenstein, wodurch
die Gußstücke den Charakter des Schmiedeeisens annehmen
und weich und schmiedbar werden. Die so erhaltenen Erzeugnisse
nennt man Temperguß oder schmiedbarer Guß.

Das Tempern erfolgt in großen eisernen Töpfen, in welche
die Gußstücke mit fein gepulvertem Roteisenstein eingebettet
werden. Die durch einen mit Lehm verstrichenen Deckel sorg-

fältig abgeschlossenen Töpfe werden in einen mit einer Rost oder Gasfeuerung versehenen Temperofen eingesetzt, wo sie 4—8 Tage lang bei einer Temperatur von etwa 900⁰ geglüht werden (Fig. 48 u. 49). Dabei dringt der Sauerstoff des Roteisensteins in die Gußstücke ein und verbindet sich mit dem Kohlenstoff des Eisens zu Kohlenoxyd, welches gasförmig entweicht. Die Töpfe läßt man dann langsam erkalten, worauf sie aus dem Ofen genommen und entleert werden.

Obwohl beim Tempern der Sauerstoff des Erzes anfangs nur unmittelbar auf die Oberfläche des Gußstückes einwirkt, dringt er bei fortgesetztem Glühen erfahrungsgemäß auch in das Innere ein, so daß man dünnwandige Gegenstände durch und durch schmiedbar und schweißbar erhalten kann. Die günstigste Stärke des Tempergußstückes beträgt 3—8 mm; bei noch größerer Wandstärke wächst die Schwierigkeit, ein gleichmäßig getempertes Material zu erhalten, so daß man zweckmäßig über 25 mm nicht hinausgeht. Viele kleine Maschinenteile, die im Betriebe stark beansprucht werden und dabei nicht brechen dürfen, z. B. Fittings, Schlüssel, Hebel, Kurbeln und alle Gußteile für landwirtschaftliche Maschinen werden heute aus schmiedbarem Guß hergestellt. Man könnte sie zwar auch aus

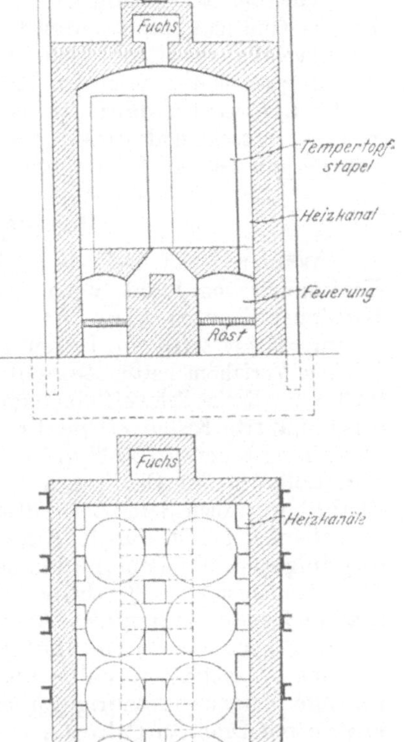

Fig. 48—49. Temperofen.

Schmiedeeisen durch Schmieden oder Pressen fertigen, doch würde diese Herstellungsweise zu teuer werden.

Als Material benutzt man für das Tempern ein weißes, mangan-, silizium- und phosphorfreies Roheisen, weil Graphit, Mangan,

Silizium und Phosphor beim Tempern unbeeinflußt bleiben. Gewöhnlich gattiert man mehrere passende Roheisensorten, um die Dickflüssigkeit und das Schwindvermögen des weißen Roheisens möglichst unschädlich zu machen und schmilzt den Satz im Tiegel, oder man stellt das Weißeisen durch Niederschmelzen von grauem Roheisen und Schmiedeeisenabfällen im Kupolofen her.

Getemperter Stahlguß ist ein Mittelding zwischen schmiedbarem Guß und Stahlformguß. Er wird dadurch hergestellt, daß Stahlabfälle, in kleine Stücke zerschnitten, im Kupolofen mit Koks geschmolzen und in Sandformen vergossen werden. Die Gußwaren werden dann in eisernen Töpfen mit Roteisensteinpulver verpackt und in Öfen getempert. Der so erhaltene Stahltemperguß ist viel fester und zäher als schmiedbarer Eisenguß.

Das Zementieren.

Während man bei den bisher behandelten Verfahren zur Erzeugung von Stahl vom Gußeisen ausging und diesem den Kohlenstoff entzog, kann man auch umgekehrt Stahl aus weichem Schmiedeeisen erzeugen, indem man in dieses Kohlenstoff einführt. Dieses Verfahren heißt Zementieren. Es geschieht in der Weise, daß man flache Schweißeisenstäbe mit Holzkohlenpulver in große ausgemauerte Kisten einpackt und diese in Zementieröfen 7—12 Tage lang bei etwa 1000° glüht. Dabei dringt der Kohlenstoff der Holzkohle in das Eisen ein und wandelt das Schmiedeeisen in Stahl um. Nach dem Zementieren haben die Stäbe eine blasige Oberfläche, welche durch Einwirkung der Kohle auf den Eisenoxydulgehalt der Schlackeneinschlüsse zustande gekommen ist. Der Zementstahl heißt daher auch Blasenstahl. Er ist für technische Zwecke noch nicht brauchbar, weil er in der Zusammensetzung noch zu ungleichmäßig ist, denn der Kern des Blasenstahles ist kohlenstoffärmer als der äußere Teil. Um eine gleichmäßige Zusammensetzung zu erreichen, werden mehrere Blasenstähle mit Draht zu Paketen zusammengebunden, im Schweißofen auf Weißglut erhitzt und unter Hämmern zusammengeschweißt. Das Produkt heißt Gärb- oder Raffinierstahl. Er wird zu Messern, Sensen, Sicheln und gröberen Werkzeugen verarbeitet.

Außer durch Gärben wird der Schweißstahl auch durch Umschmelzen in Tiegeln verfeinert. So erhält man die vorzüglichste Stahlsorte, den Tiegelgußstahl.

Der Tiegelstahlprozeß.

Für diesen Prozeß wählt man stets als Grundstoff einen möglichst reinen Stahl, der frei von Phosphor, Schwefel, Mangan und Silizium ist und nur den erforderlichen Kohlenstoffgehalt besitzt. Man zerschlägt den Stahl in kleine Stücke und bringt diese in Schmelztiegel, die durch Deckel luftdicht verschlossen werden. Die Tiegel werden dann im Ofen den Feuergasen ausgesetzt. Dabei muß die Temperatur so hoch und die Zeit so ausreichend lang sein, daß sich aus dem geschmolzenen Metall Gase und Schlacke ausscheiden können. Sobald der Stahl geschmolzen ist, beginnt das Bad heftig zu wallen, wobei die Gase entweichen und die Schlacke an die Oberfläche steigt. Nachdem das Wallen aufgehört hat, läßt man das Bad so lange abstehen, bis die Oberfläche ganz ruhig geworden ist. Der gare Stahl wird alsdann in eiserne Kokillen gegossen, in denen er zu Blöcken erstarrt, die durch Hämmern, Pressen oder Walzen in die gewünschte Form gebracht werden. Der so erzeugte Stahl heißt Tiegelstahl oder Tiegelgußstahl.

Der Tiegelprozeß besteht nicht nur in einem einfachen Umschmelzen des Einsatzes, sondern es gehen dabei noch sehr wichtige Reaktionen zwischen der Tiegelwand und dem eingesetzten Materiale vor sich. So reduziert der Mangangehalt des Einsatzes die Kieselsäure der Wandung zu Silizium, welches das Eisenoxydul zerstört und die Desoxydation des Stahles bewirkt. Wichtig ist ferner das Abstehen des Stahles im Tiegel, weil sich hierbei sowohl die Schlackenbestandteile als auch die Gase abscheiden.

Da der Tiegelstahl beim Schmelzen im Tiegel den chemischen Einflüssen des Windes und der Feuergase entzogen ist, so ist er sehr rein, aber wegen des hohen Brennstoffverbrauches auch sehr teuer. Er ist allen anderen Stahlsorten bei weitem überlegen, da er völlig frei von Poren, absorbierenden Gasen und Schlacken ist, und wird überall da angewandt, wo die höchsten Anforderungen an Festigkeit gestellt werden, z. B. zur Herstellung von Werkzeugstählen, Wellen, Achsen, Panzerplatten und Kanonenrohren.

Da der Tiegelgußstahl im allgemeinen nicht schweißbar ist, war es eine Kunstleistung, die alle Welt bewunderte, als im Jahre 1865 die Gußstahlfabrik von Fr. Krupp in Essen auf der Weltausstellung in London einen großen Block aus Tiegelgußstahl ausstellte. Heute werden von der Firma Krupp Gußstahlblöcke bis zu 85 t Gewicht hergestellt, für die der Inhalt von etwa 2000 Tiegeln erforderlich ist. Um diese Arbeit ausführen zu können, muß man die Schmelzoperationen in den Öfen derart vollkommen beherrschen können, daß der Schmelzprozeß in einer großen Zahl von Öfen zu genau gleicher Zeit beendigt ist. Die Tiegel werden dann von einer großen Zahl geschulter Arbeiter in regelmäßiger Folge mit Hilfe von Zangen den Öfen entnommen und unmittelbar einer hinter dem andern in eine Gußrinne, die in die Form mündet, entleert. Dabei ist darauf zu achten, daß der flüssige Stahl ohne Unterbrechung in die Form einströmt, da jede Unterbrechung den Guß sofort unbrauchbar machen würde.

Die Tiegel, in denen das Schmelzen erfolgt, haben etwa 20 cm l. W. und 50 cm Höhe. Für ihre Herstellung wird ein Gemenge aus feuerfestem Ton, Graphit und gemahlenen alten Tiegelscherben verwendet. Die Tiegel werden in besonderen Pressen geformt, vorsichtig getrocknet, dann vorgewärmt und schließlich bei 900° gebrannt.

Der feuerfeste Ton, aus dem der Tiegel hergestellt wird, erweicht bei etwa 1700°, während die Schmelztemperatur eines kohlenstoffarmen Stahles bei etwa 1400° liegt. Da der Stahl aber noch 200° höher temperiert werden muß, um beim Vergießen in Formen möglichst dünnflüssig zu sein, so wird bei dieser Schmelzoperation das Tiegelmaterial bis zur äußersten Grenze seiner Widerstandsfähigkeit in Anspruch genommen. Aus diesem Grunde wird jeder Tiegel in der Praxis gewöhnlich nur einmal, höchstens aber dreimal gebraucht. Die Größe der Tiegel ist durch die Bedingung begrenzt, daß der in höchster Temperatur befindliche Tiegel nebst Inhalt durch zwei Arbeiter mit Hilfe einer eisernen Schere transportiert werden kann. Deshalb ist es unmöglich, den Tiegel mit mehr als 40—50 kg zu beschicken.

Die Öfen, in welche die Tiegel eingesetzt werden, sind entweder Schachtöfen mit Koks- oder Ölheizung, oder Flammöfen mit Regenerativ-Gasheizung. Man teilt die letzteren in Tieföfen und oberirdische Öfen ein. Die Tieföfen besitzen mehrere Kammern, von denen jede 6—12 Tiegel faßt, während die oberirdischen Öfen Martinöfen sind, auf deren Herd 40—120 Tiegel Platz finden. Die Öfen machen in 24 Stunden 4 Chargen.

Elektrostahl.

Für die Durchführung von Schmelzarbeiten wird in hüttenmännischen Betrieben jetzt vielfach der elektrische Strom als Wärmequelle verwendet, welche den Vorzug besitzt, leicht regulierbar zu sein und viel höhere Temperaturem wie in anderen Öfen zu erzielen gestattet. Ein weiterer Vorteil der elektrischen Heizung besteht darin, daß bei derselben eine schädliche Einwirkung von Verbrennungsgasen auf das Metallbad ausgeschlossen ist.

Die Elektroöfen kann man in Lichtbogen- und Induktionsöfen einteilen.

Bei den Lichtbogenöfen dient der Lichtbogen zur Beheizung des Ofenraumes. Zu den Lichtbogenöfen gehören:

1. **Der Stassanoofen (Fig. 50).** Er besitzt für Drehstrom drei
Kohlenelektroden, die im Winkel von je 120° in der Horizontalen
gegeneinander versetzt und seitlich in den geschlossenen Ofenraum eingeführt sind, während für Wechsel-
oder Gleichstrom zwei oder mehr Elektroden paarweise zur Anwendung gelangen.
Der Lichtbogen springt zwischen den
Kohlenspitzen über und seine strahlende
Wärme heizt das Bad.

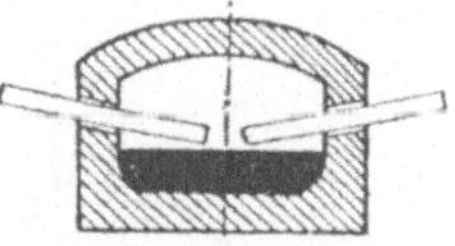

Fig. 50. Stassanoofen.

2. **Der Heroultofen (Fig. 51—52)** besitzt zwei Kohlenelektroden, die durch das
Gewölbe in den Ofen hineinragen und hintereinandergeschaltet
sind. Der Strom tritt durch die eine Elektrode ein, geht als
Lichtbogen zum Bade über, durchfließt dieses und tritt als
Lichtbogen zur zweiten Elektrode über. Größere Öfen besitzen
drei Elektroden und werden mit Drehstrom gespeist.

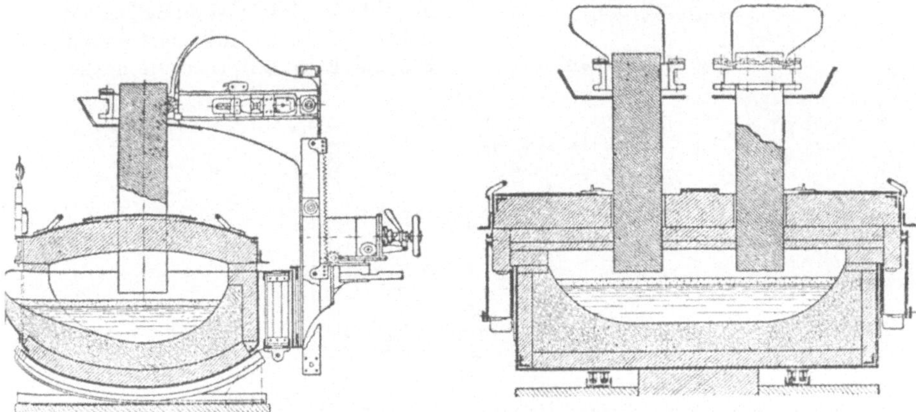

Fig. 51—52. Heroultofen.

3. **Der Girodofen (Fig. 53)** besitzt nur eine Kohlenelektrode,
die durch das Ofengewölbe in den Ofen hineinragt, und benutzt
als zweite Stromzuleitung mehrere im Ofenherde ruhende Pole
aus Flußstahl, die durch Luft oder Wasser gekühlt werden. Der
Strom geht von der oberen Elektrode als Lichtbogen zur Schlacke
über, durchfließt das Eisenbad und tritt durch die Bodenelektrode
wieder aus. Die Spannung des zur Verwendung gelangenden
Stromes braucht deshalb nur halb so groß sein, wie diejenige beim
Heroultofen.

4. Der Ofen von **Keller** (Fig. 54—55) hat einen Herd, dessen ganze Oberfläche mit zahlreichen Polstücken besetzt ist. Der Ofen leitet in kaltem Zustande den Strom durch die metallischen Einlagen; nachdem er aber warm geworden ist, wird seine ganze Masse leitend. Hierdurch wird eine gleichmäßige Verteilung des Stromes über die gesamte Herdoberfläche erreicht.

Das Eisenbad läßt sich aber auch durch Widerstandserhitzung, d. h. durch Erzeugung Joulescher Wärme im Schmelzbade, auf die gewünschte Temperatur bringen. Dies geschieht in den Induktionsöfen, in welchen dem Metallbade elektrische Ströme von hoher Spannung induziert werden. Ein Induktionsofen stellt elektro-

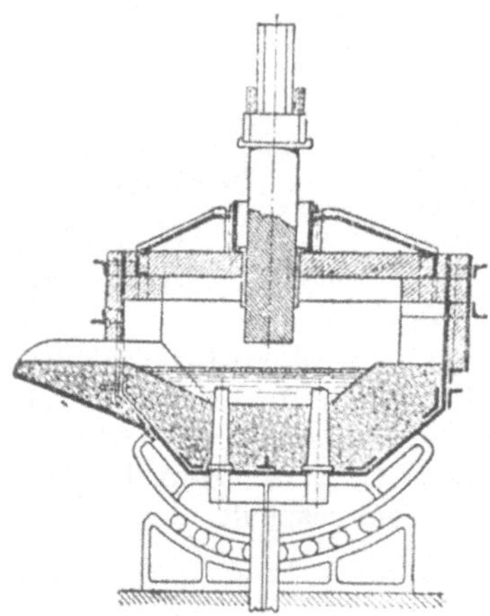

Fig. 53. Girodofen.

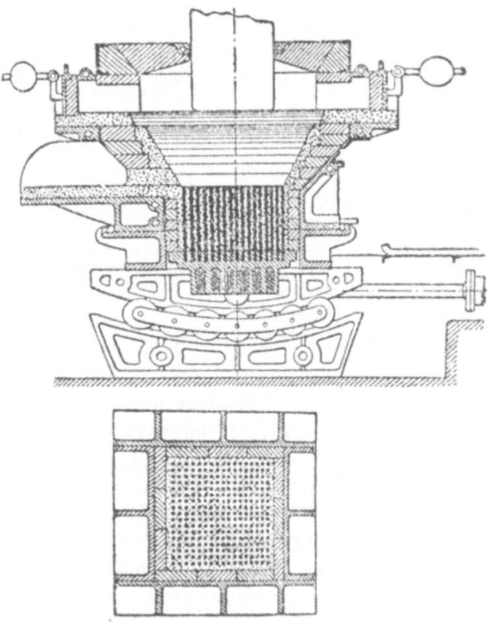

Fig. 54—55. Kellerofen.

technisch einen Wechselstromtransformator dar, dessen sekundärer Stromkreis aus einer einzigen kurzgeschlossenen Windung, dem ringförmigen Metallbade besteht. Wird das letztere von starken, aber niedrig gespannten Strömen durchflossen, so wird es stark erhitzt. Zu den Induktionsöfen gehören:

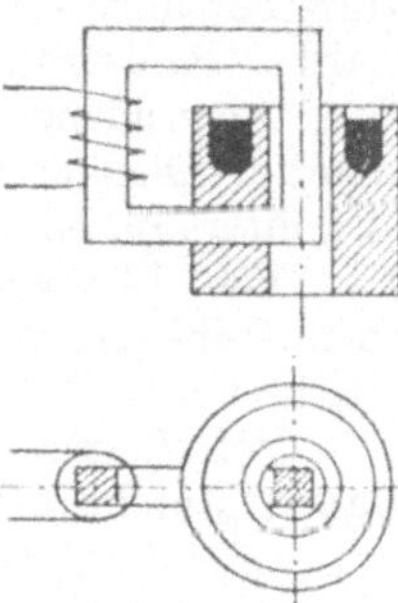

Fig. 56—57.
Kjellinofen.

1. Der Kjellinofen (Fig. 56—57). Er besitzt ein eingebautes Magneteisen, auf dessen einem Joche sich die Primärspule befindet, der hochgespannter Wechselstrom zugeführt wird. Die Sekundärwicklung besteht aus dem flüssigen Metallbade, das in einer schmalen Mauerwerksrinne kreisförmig um das andere Joch des Magneteisens angeordnet ist. Die Rinne wird aus einem Gemenge von Teer und Magnesit aufgestampft.

2. Der Ofen von Röchling-Rodenhauser (Fig. 58—60) besitzt ein eingebautes Magneteisen, dessen beide Schenkel Primärspulen tragen. In diesem Ofen werden daher zwei Stromkreise gebildet, die das Metall in den beiden Rinnen erhitzen. Da wo die beiden Rinnen zusammenstoßen, entsteht ein breiter herdförmiger Arbeitsraum, der die Ausführung von Raffinationsarbeiten gestattet.

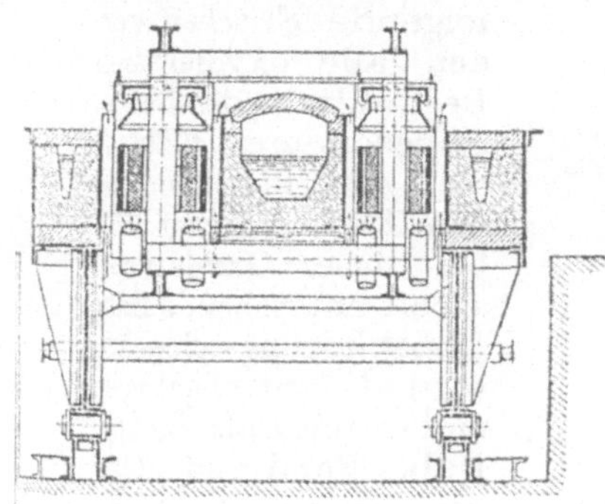

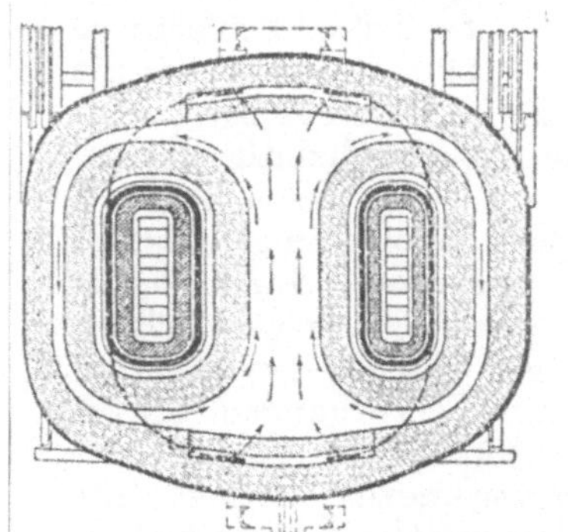

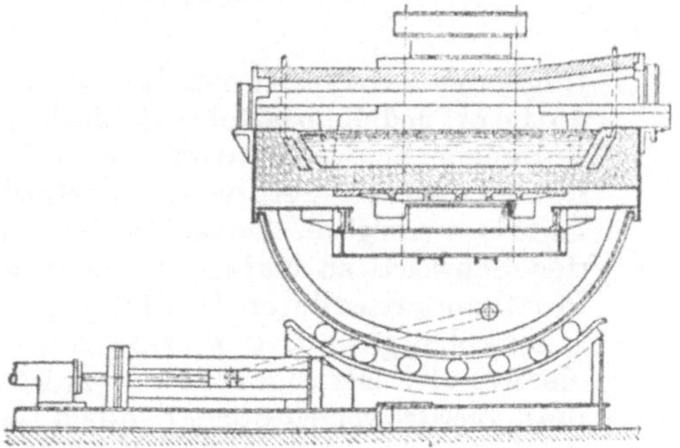

Fig. 58—60. Röchling-Rodenhauserofen für Wechselstrom.

Der Röchling-Rodenhauserofen wird bis zu Fassungen von 5 t mit Wechselstrom von 50 Perioden betrieben, erfordert aber darüber hinaus die Umformung des Stromes auf niedere Periodenzahl. Rodenhauser hat auch drei Herde nach Kjellin für die Anwendung von Drehstrom miteinander kombiniert. Ein solcher Ofen enthält drei bewickelte Kerne, die einen breiten Arbeitsraum einschließen (Fig. 61).

Die Elektrostahlöfen werden hauptsächlich zum Frischen von Roheisen und Schrott sowie zum Raffinieren von flüssigem Stahl verwendet.

Soll Roheisen gefrischt werden, so wird der Elektroofen zunächst durch ein Koksfeuer angewärmt und dann mit kaltem oder flüssigem Roheiseneinsatz unter Zuschlag von Eisenerzen, Walzensinter und Kalk beschickt. Durch das nun folgende Frischen werden alle oxydierbaren Bestandteile des Bades, insbesondere Kohlenstoff und Phosphor aus dem Bade entfernt. Die bei dieser Oxydationsarbeit entstehende Entphosphorungsschlacke wird alsdann abgezogen und durch Aufgabe von Kalk, Sand und Flußspat eine neue, hochbasische Schlacke gebildet. Bei der nun folgenden Desoxydationsarbeit werden alle im Eisen gelösten Oxyde entfernt, und die basische Schlacke gestattet gleichzeitig eine vollkommene Entschwefelung des Bades, wie sie in keinem anderen hüttenmännischem Apparat in befriedigender Weise zu erreichen ist. Indessen erfolgt die Entschwefelung im Elektroofen durch Bindung des Schwefels an Kalzium und nicht wie bei den gewöhnlichen Hüttenprozessen durch Bindung an Mangan. Zur Desoxydation und Rückkohlung des Bades werden auch hier Ferromangan, Spiegeleisen und Kohle zugesetzt. Um legierte Stähle zu erhalten, muß man Zusätze von entsprechendem Legierungsmetall machen. Zum Schluß läßt man das Bad bei hoher Temperatur längere Zeit abstehen und ausgaren, wobei sich die Gase aus dem Stahle abscheiden.

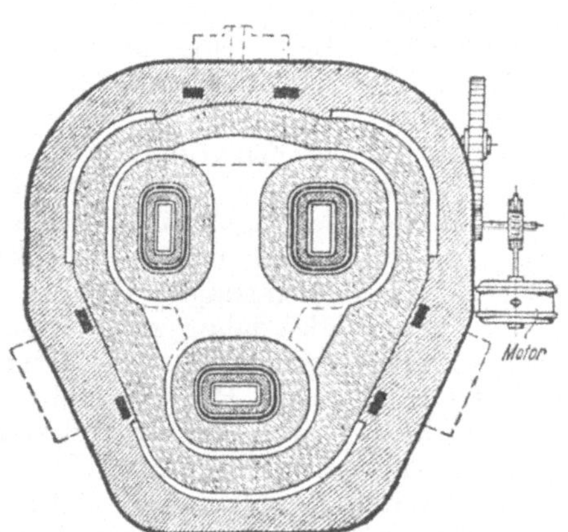

Fig. 61. Röchling-Rodenhauserofen für Drehstrom.

Noch wichtiger als das Frischen ist das Nachraffinieren von Flußeisen im Elektroofen, wodurch eine Verbesserung der Qualität des Eisens erzielt wird. Die Arbeitsweise ist dieselbe wie vorher beschrieben, nur ist das Verfahren wegen der geringeren Menge von Verunreinigungen kürzer. Die Vorraffination wird aber der geringeren Kosten wegen stets im Martinofen, Konverter oder Flachherdmischer ausgeführt. Die Nachraffination von flüssigem Martin- und Thomasflußeisen wird vielfach angewendet, um Eisenbahnmaterial herzustellen oder eine Tiegelstahlqualität zu erzeugen.

Der Elektrostahl zeichnet sich durch weitgehende Entphosphorung (unter $0,02\%$) und Entschwefelung ($0,02\%$) und vollständige Desoxydation aus, wie sie kein anderer Ofen liefert. Der Elektrostahl ist dicht, homogen, gasfrei und seigert nicht. Er besitzt eine große Festigkeit und Dehnung und weist einen außerordentlichen Widerstand gegen Schläge auf. Vor dem Tiegelprozeß hat das elektrische Verfahren den Vorteil, viel weniger kostspielig zu sein, weit größere Mengen bewältigen zu können und von dem teuren Einsatz an ausländischen Spezialeisensorten unabhängig zu sein.

Legierte Stähle.

Eine Veredelung des gewöhnlichen Kohlenstoffstahles kann durch Zusätze von anderen Metallen, z. B. Nickel, Chrom und Wolfram erfolgen, die in der Regel in Form von Ferrolegierungen dem Stahl im Martinofen, im Tiegel oder im elektrischen Ofen zugesetzt werden. So erhält man einen Sonderstahlguß abnormaler Qualität, der in Bezug auf Festigkeit, Dehnung und Härte außergewöhnlichen Anforderungen genügt.

Nickelstahl mit $3—6\%$ Nickel und $0,3—0,6\%$ Kohlenstoff wird zu Maschinenteilen verwendet, die hohen Beanspruchungen ausgesetzt sind und doch die größte Betriebssicherheit bieten sollen, z. B. Wellen, Achsen, Kolbenstangen, Geschützteile. Ein Nickelstahl mit $30—40\%$ Nickel besitzt $60—70$ kg Festigkeit und $40—60\%$ Dehnung und wird für Torpedos, Pumpen und Turbinen verwendet. Durch Zusatz von Chrom und Wolfram steigt die Festigkeit des Nickelstahles auf 130 kg bei $10—12\%$ Dehnung.

Chromstahl besitzt eine große Härtbarkeit und einen hohen Widerstand gegen Stöße. Er wird zu Pochstempelköpfen verwendet.

Manganstahl mit $6—12\%$ Mangan ist hart und zäh und besitzt eine Festigkeit von 90 kg bei 35% Dehnung.

Wolframstahl zeichnet sich durch große Härte aus und wird für Schneidwerkzeuge und Gewehrläufe verwendet.

Schnellschnittstahl besitzt einen hohen Gehalt an Chrom und Wolfram. Er zeichnet sich durch eine große Dauerhaftigkeit der Schneide (Schneidhaltigkeit) aus und verliert seine durch die Härtung gewonnene Härte selbst in der Rotglut nicht. Der Schnellschnittstahl läßt daher als Werkzeugstahl eine viel größere Schnittgeschwindigkeit als der Kohlenstoffstahl zu.

4. Maschinelle Einrichtungen der Stahlwerke.

Transportvorrichtungen für flüssiges Eisen.

Der Transport des flüssigen Eisens erfolgt in großen Pfannen, die ein Fassungsvermögen von 20 und mehr Tonnen haben. Sie sind seitlich mit Zapfen versehen, um die sie sich kippen lassen, und im Innern mit feuerfestem Material ausgekleidet. Der Transport der Pfannen erfolgt entweder durch Pfannenwagen oder Gießkrane.

Um das Roheisen vom Hochofen zum Mischer, bzw. Konverter zu transportieren, bedient man sich gewöhnlich eines Pfannenwagens, der von einer Lokomotive gezogen wird. Die Pfanne kann entweder von Hand oder durch einen Elektromotor gekippt werden und entleert ihren Inhalt direkt in den Mischer, bzw. Konverter.

Zum Abgießen der Kokillen mit flüssigem Stahl werden Gießwagen oder Gießkrane benutzt, deren Pfannen im Boden eine Ausflußöffnung besitzen, die durch einen Stopfen aus feuerfestem Material mittelst einer Hebevorrichtung geschlossen werden kann.

Man unterscheidet zwei Arten von Gießwagen: Bei der einen hat die Pfanne außer der Fahrbewegung des Wagens nur eine hierzu rechtwinklige Bewegung, die aber nicht über die Breite des Wagens hinausgeht. Diese Wagen bedienen lediglich eine zwischen den Schienen des Wagengleises liegende Gießgrube.

Bei den Wagen der anderen Art ist die Pfanne auf einem Ausleger untergebracht, der sich um eine auf dem Wagen senkrecht stehende Königssäule drehen kann. Diese Anordnung hat den Vorteil, daß von der Pfanne ein breiterer Streifen bestrichen werden kann.

Nach der Art des Antriebes unterscheidet man dampfhydraulische, elektrische und elektrisch-hydraulische Gießwagen.

Die dampfhydraulischen Gießwagen haben einen eigenen Dampfkessel zum Antrieb der Pumpe und Fahrmaschine. Durch hydraulischen Druck erfolgt das Heben, Schwenken, Vor- und Rückwärtsfahren, sowie das Kippen der Pfanne. Die dampfhydraulischen Gießwagen haben den Vorzug völliger Selbständigkeit und Unabhängigkeit, aber den Nachteil der Schwerfälligkeit und des großen Raumbedarfs.

Fig. 62 zeigt einen elektrisch angetriebenen Gießwagen. Der Wagen wird durch den Motor a verfahren, während der obere Teil, der die Pfanne trägt, durch einen Motor b um die senkrechte Mittelachse gedreht und die Pfanne mittelst Schnecke und Schneckenrades durch den Motor c gekippt wird.

Beim elektrisch-hydraulischen Gießwagen kommt zu den genannten Bewegungen noch eine Hubbewegung der Pfanne hinzu. Für diese Bewegung findet ein Elektromotor Verwendung, der auf eine Pumpe arbeitet, die durch hydraulischen Druck die Pfanne anhebt.

In neuerer Zeit tritt häufig an Stelle des Gießwagens der Gießkran, der den Vorzug hat, die Hüttensohle frei zu lassen. Indessen verlangt der Gießkran wesentlich kräftigere Gebäudekonstruktionen.

Bei den Gießkranen hängt die Pfanne in einem elektrischen Laufkran. Dieser hat neben dem Hauptwindwerk noch ein leichteres Hilfswindwerk, das zum Kippen der Pfanne dient und auch noch die

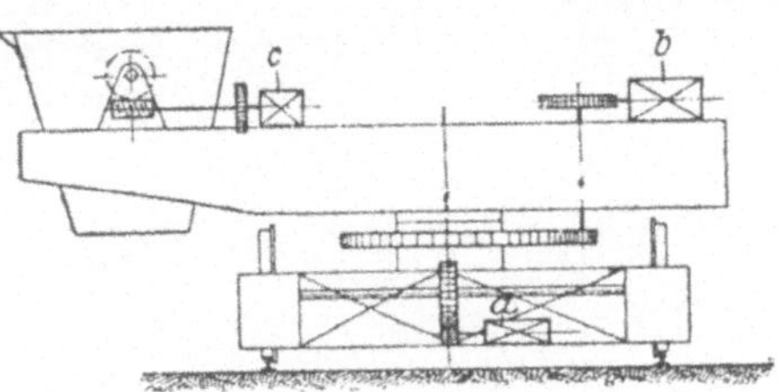

Fig. 62. Gießwagen.

Nebenarbeiten zu übernehmen hat. Soll das Hilfswindwerk die Pfanne um die Spitze der Schnauze kippen, so muß der Hilfshaken mit größerer Geschwindigkeit gehoben werden als der Haupthaken. Ein Pendeln der Pfanne wird am einfachsten durch ein starres Führungsgerüst verhindert, das an der Laufkatze hängt. Die Laufkatze kann aber auch eine kreisrunde Laufbahn tragen, auf der sich eine Drehscheibe mit angehängtem, starren Gerüste dreht. Diese Konstruktion bietet den Vorteil, daß die Pfanne nach jeder beliebigen Richtung hin gekippt werden kann.

Magnetkrane und Muldenkrane haben die Aufgabe, den sperrigen und sehr schweren Schrott auszuladen, zu zerschlagen und in den Martinofen zu befördern. Beim Magnetkran dient zum Erfassen des Schrotts ein Elektromagnet, während beim Muldentransport zum Erfassen der mit Schrott gefüllten Mulden seitlich ausschwenkbare Greiferarme, die mechanisch gesteuert werden, Verwendung finden.

Fig. 63 zeigt einen Beschickkran mit wippbarem Schwengel. Der die Mulden tragende Schwengel vollführt außer der Längsbewegung an den Ofentüren noch eine Vor- und Rückwärtsbewegung dem Ofen gegenüber durch Katzenfahren, eine Wippbewegung und eine Drehung um die Längsachse zwecks Auskippens des Muldeninhalts. Die Wippbewegung hat den Zweck, eine erfaßte Mulde über etwaige Hindernisse frei hinwegheben und der Mulde die zum Einführen in den Ofen und zum Auskippen günstigste Lage geben zu können. Sämtliche vier Bewegungen werden auf elektrischem Wege durch vier besondere Elektromotoren ausgeführt. Zum Bewegen des Schwengels an den Ofentüren entlang dient der Kranfahrmotor a, der in der Mitte des Kranträgers gelagert ist. Um die vollen Mulden in den Ofen hinein- und die

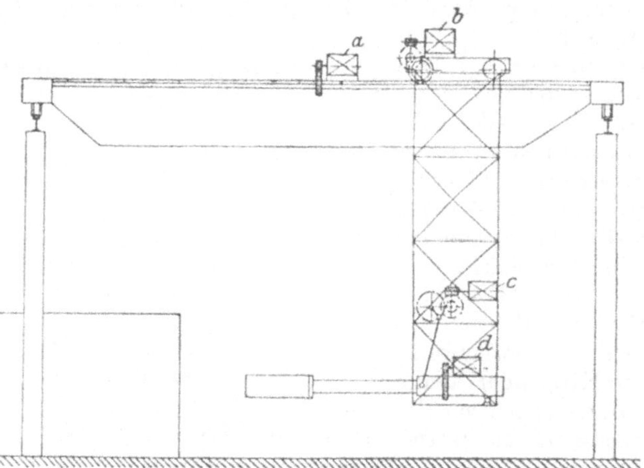

Fig. 63. Beschickkran mit wippbarem Schwengel.

entleerten Mulden aus ihm herauszubewegen, wird der Katzenfahrmotor b in Betrieb genommen. Der Motor c dient zum Auf- und Abwärtswippen des Schwengels, während der Motor d zum Kippen dient.

Fig. 64 zeigt eine andere Konstruktion eines Muldenkranes. Hier ist der Schwengel ebenfalls im Kreise schwenkbar, gleichzeitig aber mit dem ganzen unteren Teile des Katzenhängegerüstes in senkrechtem Sinne auf- und abwärts verschiebbar. Der Hubmotor c wirkt auf einen Seilzug, dessen Losrollenblock mit dem auf und nieder zu bewegenden Gerüstteil verbunden ist. Der Drehmotor e wirkt durch einen Zahntrieb auf einen Zahnkranz ein, der an der den Schwengel tragenden Säule festsitzt.

Zum Erfassen der in den Kokillen erstarrten Stahlgußblöcke dienen mit Zangen ausgestattete Krane, die heute durchweg elektrischen Antrieb erhalten. Haben die Krane noch einen Stempel zum Ausdrücken (Strippen) des noch glühenden Blockes aus den

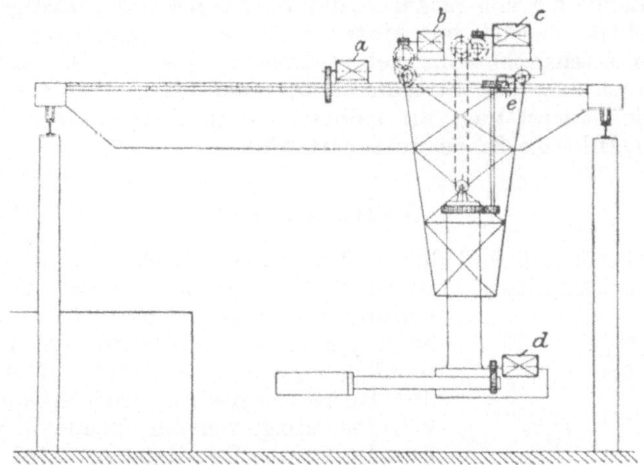

Fig. 64. Beschickkran mit im Kreise drehbarem Schwengel.

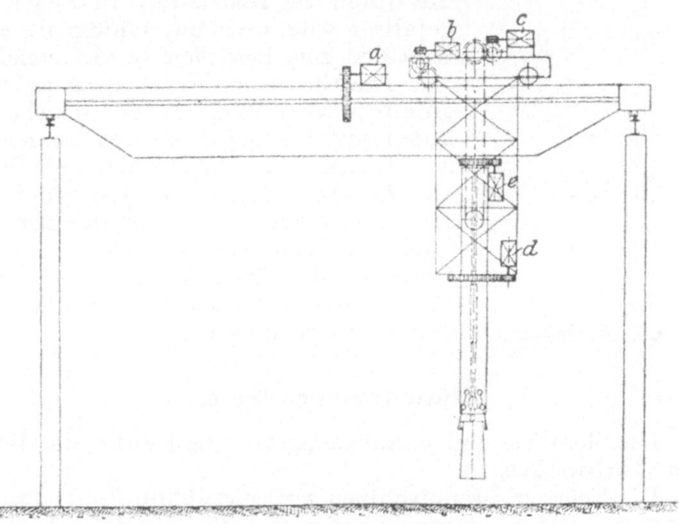

Fig. 65. Stripperkran.

Kokillen, so heißen sie Stripperkrane. Fig. 65 zeigt einen solchen Stripperkran mit fünf Motoren. Die Motoren a, b und c besorgen das Kranfahren, Katzenfahren und Lastheben. Motor d hat den Zangenträger um seine senkrechte Mittelachse zu drehen, um so der Zange die zum Erfassen des Blockes jeweilig günstigste Lage zu geben, während der Motor e, der am Zangenträger gelagert ist, eine senkrechte Spindel in Drehung versetzt, die durch Gewindewirkung den Stripperstempel auf- und abwärts schiebt. Dieser Stempel trägt an seinem unteren Teile Keilflächen, mit deren Hilfe die Zange gesteuert wird.

Gießvorrichtungen.

Gewöhnlich wird das Roheisen aus dem Mischer in Pfannenwagen flüssig nach dem Stahlwerk gefahren, wo ein Aufzug die Pfanne auf die Bühne befördert. Alsdann wird der Inhalt der Pfanne in die wagerecht gelegte Birne entleert. Das Drehen der Birne und das An- und Abstellen des Windes erfolgt von der Steuerbühne aus. Ist die Charge beendigt, so wird der Inhalt der Birne in eine Gießpfanne entleert, die durch eine Lokomotive in die Gießhalle gefahren wird, wo in der Gießgrube eiserne Kokillen zum Eingießen bereit stehen.

Die Gießpfanne (Fig. 66) ist außen von einem starken Blechmantel umgeben, der innen mit feuerfesten Steinen ausgemauert ist. Im Boden der Pfanne ist eine Öffnung angebracht, welche mit einem Stopfen verschlossen werden kann. Vor der Benutzung muß die Pfanne, ebenso wie alle anderen Gefäße, die flüssiges Eisen aufnehmen sollen, gut getrocknet werden, um Explosionen zu vermeiden.

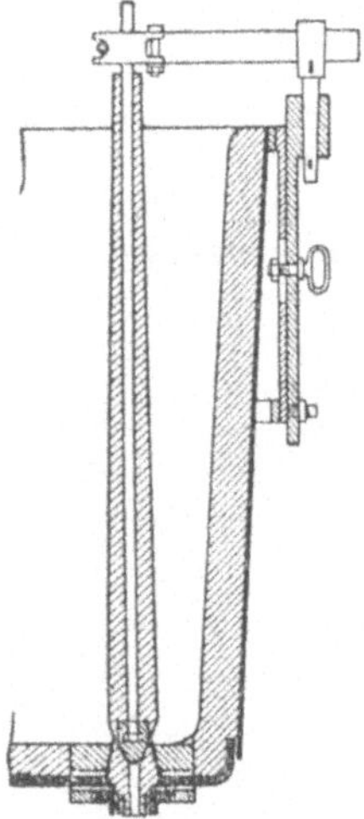

Fig. 66. Gießpfanne.

Hüttenwerksmaschinen.

Die Hochofen- und Stahlwerksgebläse sind entweder Kolben- oder Turbogebläse.

Die Kolbengebläsemaschinen werden gewöhnlich als Zwillingstandemmaschinen mit hintenliegenden Luftzylindern gebaut. Die zum Antrieb dienende Zweizylinder-Verbunddampfmaschine hat Kondensation und wird mit einer Präzisionssteuerung ausgerüstet. Letztere wird von einem Leistungsregler beeinflußt, der die Umdrehungszahl der Maschine in gewissen Grenzen zu ändern gestattet.

In neuerer Zeit werden zum Antrieb der Gebläsemaschinen vielfach doppelt wirkende Großgasmotoren verwendet, die mit gereinigtem Gichtgas oder Koksofengas betrieben werden. Dieselben können nach dem Viertakt- oder nach dem Zweitaktverfahren arbeiten.

Das Viertaktverfahren besteht darin, im Arbeitszylinder während eines Saughubes das Gasgemenge anzusaugen, es darauf im Kompressionshube zu verdichten, dann im dritten Hube zu zünden und durch Ausdehnung Arbeit zu leisten, und endlich im vierten Hube die Abgase ausströmen zu lassen. Hierbei erfordert jeder volle Verbrennungsvorgang vier Kolbenhübe, von denen nur einer Nutzarbeit verrichtet, während die übrigen drei zum Laden und Entladen dienen. Zwei solche doppelt wirkenden Viertaktzylinder hintereinander auf gemeinsames Triebwerk arbeitend, geben die zweckmäßigste Triebwerksausnützung. Die Anordnung als Zwillingsmaschine gestattet die Ausbildung bis zu den höchsten vorkommenden Leistungen und gewährt einen sehr hohen mechanischen Wirkungsgrad. (Doppelt wirkende Zwillings-Tandem-Gasmaschine.)

Beim Zweitaktmotor erfolgt im Arbeitszylinder auf jede Kurbelumdrehung, also bei jedem zweiten Hube eine Verbrennung und Nutzleistung.

Das Zweitaktverfahren besteht darin, daß Ladepumpen Gas und Luft ansaugen, auf etwa 0,2 at Überdruck komprimieren und am Ende des Ausdehnungshubes in den Hauptzylinder schieben, wobei zugleich die vorher entspannten Abgase ausgespült werden. In dem Hauptzylinder wird das Gemisch verdichtet, entzündet und zur Ausdehnung gebracht. Zur Verwirklichung dieser Vorgänge sind demnach besondere Pumpen erforderlich, die dieses Spülen und Laden besorgen. Für den Austritt der Abgase sind gewöhnlich vom Arbeitskolben gesteuerte Kanäle in der Zylinderbohrung vorgesehen, während Gemisch- und Spüllufteintritt durch Ventile im Zylinderdeckel erfolgt.

Für die Zündung des Gasgemisches ist in der Regel eine elektrische Abreißzündung vorgesehen, welche ihren Strom von einem Gleichstromgenerator oder einer Akkumulatorenbatterie erhält. Um Selbstzündungen zu vermeiden, werden Kolben, Kolbenstangen, Stopfbüchsen und Ventile durch Wasser gekühlt.

Zum Anlassen der Gichtgasmotoren wird Druckluft verwendet, die durch einen Luftkompressor geliefert wird. Da beim Anlassen auch eine mäßige Gaszufuhr stattfindet, und die Zündung eingeschaltet ist, so wird das Gas schon nach wenigen Umdrehungen entzündet. Sobald die Maschine auf die gewünschte Umdrehungszahl gebracht worden ist, wird die Zufuhr komprimierter Luft durch besondere Ventile automatisch abgeschlossen. Eine Regelung der Umlaufszahlen kann durch Änderung der Gaszufuhr herbei-

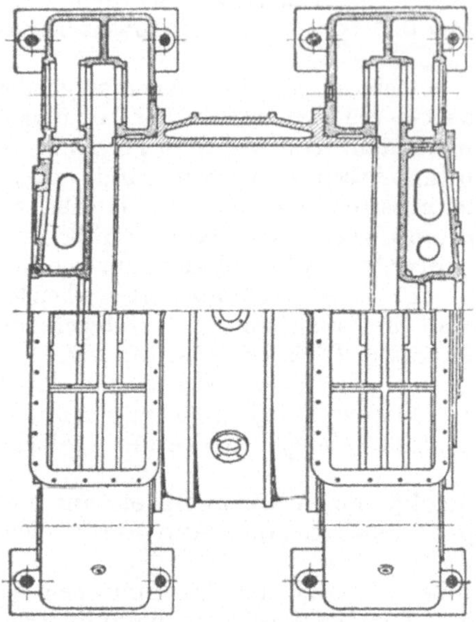

geführt werden, wobei ein Sicherheitsventil die Überschreitung der höchst zulässigen Umdrehungszahl verhindert.

Die Gebläsezylinder (Fig. 67), die mit den Dampfzylindern unmittelbar gekuppelt sind, sind doppeltwirkend und mit Kühlmänteln versehen. Sie besitzen auf jeder Seite eine größere Anzahl von Saug- und Druckventilen, die als Ring- oder Klappenventile ausgebildet sind (Fig. 68). Der hin- und hergehende Kolben saugt auf der einen Seite Luft an und drückt sie auf der anderen Seite nach der Verwendungsstelle. Durch Versetzung der beiden Kurbeln um 90° wird er-

Fig. 67. Gebläsezylinder.

reicht, daß der Wind ununterbrochen gefördert wird, denn wenn der eine Gebläsekolben sich in der Totlage befindet, ist der andere in der Mitte des Hubes.

In neuerer Zeit werden an Stelle der Kolbengebläse auch Turbogebläse verwendet, die entweder durch Dampfturbinen oder

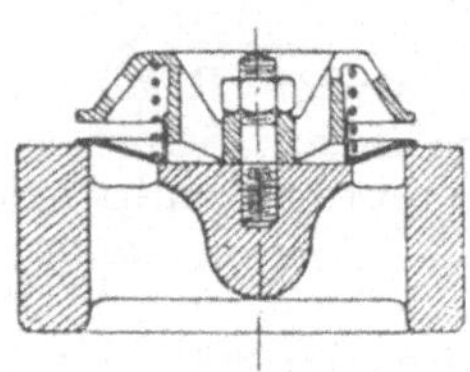

Elektromotoren angetrieben werden. Die direkte Kupplung der Turbogebläse mit diesen schnellaufenden Maschinen bedingt einen sehr geringen Raumbedarf, sowie geringe Kosten für Fundamente und Gebäude. Ein weiterer Vorteil, den die Turbogebläse den Hüttenwerken bieten, besteht darin, daß sie direkt mit Niederdruckturbinen, die in Verbindung mit einem

Fig. 68. Ringventil.

Dampfakkumulator arbeiten, gekuppelt werden können. Dadurch kann der sonst nutzlos entweichende Dampf der Walzwerksmaschinen in sehr ökonomischer Weise ausgenützt werden.

Die Turbogebläse (Fig. 69) bestehen in der Hauptsache aus einem beweglichen Teile, nämlich einer Welle, welche mehrere Räder trägt, und aus einem feststehenden Gehäuse, welches mit einer Reihe von Leitelementen versehen ist, zwischen denen je ein Rad des beweglichen Teiles zu stehen kommt.

Die hintereinander geschalteten Räder arbeiten in folgender Weise: die Luft wird an einem Ende des Gebläses angesaugt und nach dem anderen Ende zu gefördert. Sie tritt an der Nabe eines mit Schaufeln versehenen Rades, das eine große Umfangsgeschwindig-

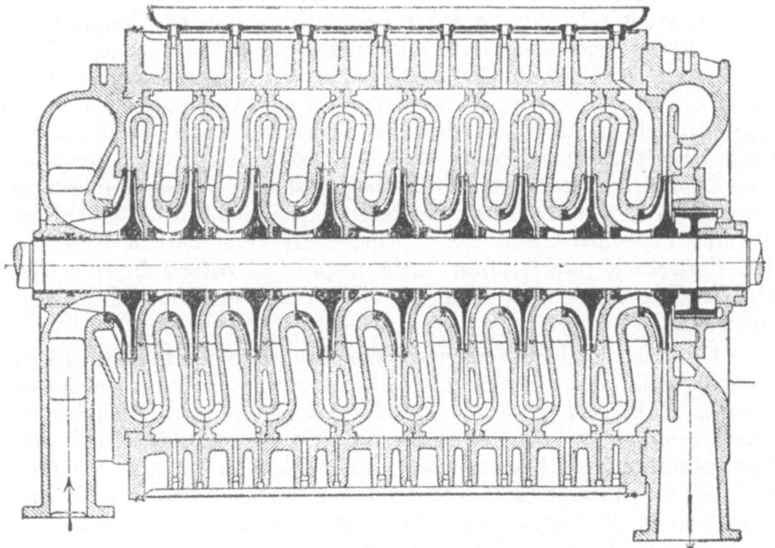

Fig. 69. Turbogebläse.

keit hat, ein und wird nach dem Umfange hingeschleudert, wo in dem ringförmigen Diffusor die Geschwindigkeit in Druck umgewandelt wird. Aus dem Diffusor wird die Luft durch die feststehenden Umführungen nach der Mitte des nächstfolgenden Laufrades zurückgeleitet, wo sich der gleiche Vorgang wiederholt und der Luftdruck weiter gesteigert wird. Der Druck nimmt also von einem Kreiselrade zum anderen nach dem Durchgange durch jeden Diffusor zu. Der letzte Diffusor hat Spiralform, die sich gegen den Druckstutzen zu erweitert.

Der ruhende Teil des Turbogebläses besteht aus einem gußeisernen Zylinder mit eingegossenen Zwischenwänden und

Diffusoren und ist nach seiner Längsachse horizontal geteilt. Die Abdichtung der Zwischenwände gegen die Welle erfolgt durch Labyrinthe aus Weißmetall.

Der bewegliche Teil des Turbogebläses, der aus der stählernen Welle mit den aufgekeilten Rädern besteht, muß zwecks Erzielung eines erzitterungsfreien Laufes sorgfältig ausgewuchtet werden.

Die vom Turbogebläse angesaugte Luftmenge ist der Umlaufsgeschwindigkeit direkt proportional, der Druck jedoch dem Quadrate der Geschwindigkeit. Während bei Kolbenmaschinen jeder Geschwindigkeit eine bestimmte Leistung entspricht, ändert man diese dagegen bei Turbogebläsen bei gleichbleibender Geschwindigkeit durch Verstellen des auf der Druckseite angebrachten Schiebers, ohne daß der Druck hierdurch in nennenswerter Weise geändert wird. Wenn z. B. eine Leitung sich verstopft, so ist das ungefährlich, da die Leistung im Verhältnis zum verminderten Querschnitt abnimmt, ohne daß der Druck unzulässig zunimmt. Die Leichtigkeit, mit der die Turbogebläse andererseits überlastet werden können, ermöglicht es, einen augenblicklichen Überdruck bis zur doppelten Höhe des normalen Druckes durch Erhöhung der Tourenzahl zu erreichen. Hierdurch ist es möglich, Hochöfen, die im Begriffe sind zu hängen, durch erhöhten Winddruck freizublasen.

Während für Hochöfen große Windmengen bei relativ niedrigem Drucke nötig sind, erfordern die Stahlkonverter Luft von hohem Druck (1 at und mehr). Hierfür verwendet man Turbokompressoren, die von ähnlicher Bauart wie die Gebläse sind. Die Turbokompressoren besitzen aber eine wirksame Kühlvorrichtung, welche die Aufgabe hat, die mit dem wachsenden Druck auch ansteigende Temperaturzunahme abzuführen, damit sich die Kompressionskurve so viel wie möglich der Isotherme nähert, die den wirtschaftlichsten Betrieb ergibt.

Die Turbokompressoren bestehen ebenfalls aus einem zweiteiligen gußeisernen Gehäuse, in welches die Leitschaufeln mit den eingegossenen Diffusorschaufeln eingesetzt sind, und einem angegossenen gußeisernen Mantel. In dem ringförmigen Hohlraum zwischen Mantel und Gehäuse zirkuliert das Kühlwasser. Auch die Leitscheiben sind hohl und ihr Inneres steht durch Rohre mit dem Hohlraum zwischen Gehäuse und Mantel in Verbindung, so daß das Kühlwasser nacheinander die inneren und äußeren Hohlräume jeder Stufe durchfließen kann.

II. Die Metallhüttenkunde.

Kupfer. Das meiste Kupfer wird aus Kupferkies ($CuFeS_2$) gewonnen, der fast stets mit anderen Schwefelerzen (Schwefelkies, Blende, Bleiglanz, Arsenkies und Fahlerz) gemengt vorkommt. Die wichtigsten Fundorte des Kupferkieses sind in Deutschland Mansfeld und Rammelsberg, in Spanien Rio Tinto. Andere Kupfererze sind: Buntkupfererz (Cu_3FeS_3), das in Mansfeld, Montana und Chile vorkommt und Kupferglanz (Cu_2S), das in Montana und Australien gefunden wird. Zersetzungsprodukte der Schwefelverbindungen sind: Malachit ($CuCO_3 + Cu(OH)_2$), von schöner grüner Farbe, und Kupferlasur ($2\,CuCO_3 + Cu(OH)_2$), von blauer Farbe. Als Sauerstoffverbindung des Kupfers kommt das Rotkupfererz Cu_2O in Arizona vor.

Der Kupfergehalt der zur Verhüttung kommenden Erze ist meistens sehr gering: Mansfelder Kupferschiefer hat nur 0,5 bis 0,6%, Rio Tinto 2—2,5%, Montana 3—3,5% Kupfer.

Die Art der Gewinnung des Kupfers aus den sulfidischen Erzen weicht von den Gewinnungsprozessen der anderen Metalle wesentlich ab. Es ist nicht angängig, das Erz tot zu rösten und dann das Oxyd mit Kohle und Zuschlägen zu verschmelzen, weil man dabei zu große Kupferverluste haben würde. Man nimmt vielmehr vor der Reduktion Anreicherungsarbeiten, das Steinschmelzen vor, wodurch ein Teil des Eisens entfernt und der Kupfergehalt angereichert wird. Die darauf folgende Trennung von Kupfer und Eisen gründet sich darauf, daß der Schwefel zum Kupfer eine größere Verwandtschaft als zum Eisen hat, und daß letzteres sich leichter oxydiert als Schwefel.

Den Prozeß der Rohkupfergewinnung kann man in drei Abschnitte zerlegen:

1. Die teilweise Abröstung des Erzes und das Verschmelzen des Röstproduktes auf Rohstein.

2. Die teilweise Abröstung des Rohsteines und die Verschmelzung desselben auf Konzentrationsstein.

3. Die Reduktion des Konzentrationssteins zu Rohkupfer.

Das Rösten des Kupfererzes erfolgt heute ausschließlich in Flammöfen (Fig. 70—71), um die schweflige Säure zu gewinnen, die zu Schwefelsäure verarbeitet wird.

$$FeS + 3\,O = FeO + SO_2$$

Das Kupfererz darf nur teilweise abgeröstet werden, so daß noch reichlich Schwefel zur Erzeugung von Kupfersulfür (Cu_2S) übrig bleibt. Das Röstgut, welches aus Kupferoxyd, Eisenoxyd und unveränderten Sulfureten besteht, wird dann mit Quarz in einem

Flammofen niedergeschmolzen. Bei diesem Rohschmelzen geht ein großer Teil des Eisens in die Schlacke, während das Kupfer mit dem noch vorhandenen Schwefel und Eisen den Rohstein bildet. Die Schlacke wird alsdann abgegossen und der Rohstein, der etwa **30 %** Kupfer enthält, nochmals so behandelt wie das ursprüngliche Erz, d. h. er wird wieder um geröstet und mit Quarz im Flammofen verschmolzen, wobei man den Konzentrationsstein erhält, der als ein eisenarmes Kupfersulfür (Cu_2S) angesehen werden kann. Die Überführung des Kupfersufürs in Schwarzkupfer geschieht in der Regel durch Umschmelzen im Bessemerkonverter. Dieser hat die Gestalt einer Trommel oder die bekannte Birnenform und ist mit einem Futter von Quarz und etwas Ton ausgekleidet. Den Wind läßt man durch seitlich

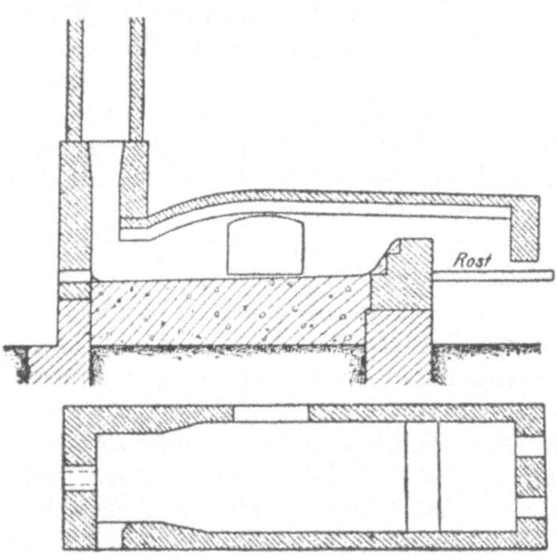

Fig. 70—71. Flammofen.

angebrachte Formen über dem ausgeschiedenen Kupfer in den Konverter treten. Der Rohstein wird gewöhnlich in einem Kupolofen eingeschmolzen, dann in den vorgewärmten Konverter gebracht, worauf der Wind angestellt wird. Dieser oxydiert das Schwefeleisen (FeS) zu Eisenoxydul (FeO), das mit dem sauren Futter verschlackt.

$$FeS + 3\,O = FeO + SO_2$$
$$2\,FeO + SiO_2 = 2\,FeO \cdot SiO_2$$

Wenn alles Schwefeleisen oxydiert ist, so geht ein Teil des Kupfersulfürs (Cu_2S) in Kupferoxydul Cu_2O über, worauf der Sauerstoff des Cu_2O den Schwefel des Cu_2S zu schwefliger Säure verbrennt.

$$Cu_2S + 3\,O = Cu_2O + SO_2$$
$$Cu_2S + 2\,Cu_2O = 6\,Cu + SO_2$$
$$2\,Cu_2O + Cu_2S = 6\,Cu + SO_2.$$

Die schweflige Säure entweicht unter starkem Schäumen, während das Kupfer sich als Schwarzkupfer auf dem Boden des Ofens ansammelt. Das Schwarzkupfer wird alsdann in Block- oder Anodenform gegossen; es enthält etwa 95% Kupfer und ist noch durch Eisen, Blei, Zink, Nickel, Schwefel und zuweilen auch durch etwas Silber und Gold verunreinigt, so daß es sich noch nicht ausschmieden läßt. Die Beseitigung der Verunreinigungen erfolgt im Flammofen durch das sog. Raffinationsschmelzen. Sind keine Edelmetalle im Schwarzkupfer, so beginnt man stets mit einem oxydierenden Schmelzen auf der sauren Sohle eines Herdofens oder eines Gebläseflammofens. Dabei werden die Verunreinigungen verschlackt oder verflüchtigt, doch läßt es sich nicht vermeiden, daß gleichzeitig eine gewisse Menge Kupfer ebenfalls oxydiert und in Form von Kupferoxydul von dem reinen Metalle gelöst wird. Man nennt diesen Teil der Raffination das Garmachen und das erhaltene Produkt das Garkupfer.

Eine besondere Art des Garkupfers ist das Rosettenkupfer, welches dadurch erhalten wird, daß man auf das noch in der Herdgrube befindliche, eben gar geblasene Kupfer ein wenig Wasser gießt und die an der Oberfläche erstarrten Platten (Rosetten) abhebt.

Um das für mechanische Verarbeitung völlig ungeeignete Garkupfer hammergar, d. h. zum Schmieden und Walzen geeignet zu machen, muß das Kupferoxydul entfernt werden. Dies geschieht durch ein reduzierendes Schmelzen in Herd- oder Flammöfen, in denen die Schmelze durch einen Holzstamm aufgerührt wird, wobei die Dissotiationsgase des Holzes eine schnelle Reduktion des Kupferoxydules bewirken. Diese Arbeit nennt man das Polen des Kupfers.

Enthält das Schwarzkupfer Edelmetalle (Silber, Gold), so wird es durch die Elektrolyse raffiniert. Zu diesem Zwecke hängt man die kupfernen Anodenplatten in einen mit Blei ausgeschlagenen Holzbottich ein, in dem sich als Elektrolyt eine Kupfervitriollösung und als Kathoden dünne Kupferbleche befinden. Verbindet man die Anodenplatten mit dem positiven Pol, die Kupferbleche mit dem negativen Pol einer Dynamomaschine, so wird die Kupfervitriollösung durch den elektrischen Strom zerlegt. Das Kupfer geht mit dem Strom und schlägt sich an der Kathode nieder, während der Rest SO_2 zur Anode geht und das Rohkupfer auflöst. Von den Verunreinigungen bleiben Eisen, Nickel und Zink in Lösung, während Blei, Silber und Gold in Pulverform unlöslich zu Boden fallen und den Anodenschlamm bilden. Dieser besteht zur Hälfte aus Silber, das durch den Treibprozeß gewonnen werden kann. Das Elektrolytkupfer enthält $99{,}9\%$ Kupfer, ist also sehr rein. Da die Abscheidung des Kupfers auf der Kathode unabhängig von deren Form ist, so ist es möglich, nahtlose Kupferrohre direkt entstehen zu lassen (Elmore-Verfahren).

Gewinnung von Rohkupfer durch das Laugereiverfahren.
Wenn das Kupfer nur in geringer Menge im Erz vorhanden ist,
so würde der trockene Gewinnungsprozeß zu große Kosten an
Brennmaterial verursachen. In diesem Falle sucht man das Metall
in eine wasserlösliche Verbindung überzuführen. Wird z. B. das
Kupfererz abgeröstet und dann längere Zeit der Verwitterung
ausgesetzt, so bildet sich schließlich Kupfervitriol, den man mit
Wasser auslaugt. Dieses Salz, das auch zuweilen in den natürlichen
Grubenwässern vorkommt, läßt sich in einfacher Weise dadurch
in metallisches Kupfer umwandeln, daß man in die Lauge Eisen-
stücke hineinlegt, auf denen sich das Kupfer abscheidet, während
das Eisen aufgelöst wird

$$CuSO_4 + Fe = FeSO_4 + Cu.$$

Dieses sog. Zementkupfer ist aber immer durch Eisenoxyd stark
verunreinigt.

Die Gewinnung des Kupfers aus den für die Herstellung
von Schwefelsäure abgerösteten Kiesabbränden kann in der oben
beschriebenen Weise nicht geschehen, da sich die Erze direkt
nicht laugen lassen. Um sie dazu geeignet zu machen, werden sie
zunächst in Muffelöfen unter Zuschlag von 10% Kochsalz geröstet.
Als Produkt der Röstung erhält man dann ein Gemisch von Kupfer-
chlorid ($CuCl_2$) und Kupferchlorür $CuCl$, das im Wasser löslich ist.
Die Fällung des Kupfers erfolgt schließlich durch Eisen.

$$CuCl_2 + NaCl + Fe = Cu + FeCl_2 + NaCl$$
$$2\,CuCl + NaCl + Fe = 2\,Cu + FeCl_2 + NaCl.$$

Kupfer ist in Anbetracht seiner Dehnbarkeit, Wärmeleitungs-
fähigkeit, ausreichenden Festigkeit und leichten Legierbarkeit
mit anderen Metallen ein für viele technische Zwecke wichtiger
Baustoff. Von besonderer Bedeutung ist Kupfer wegen seiner Eigenschaft als guter elektrischer Leiter für die gesamte elektrische
Industrie geworden. Je reiner, desto weicher und dehnbarer ist
das Kupfer. Es läßt sich im warmen Zustande zu Blech und Stangen
auswalzen, im kalten Zustande pressen, ziehen, hämmern und
treiben. Durch Walzen und Hämmern wird es hart; durch Ausglühen erhält es seine ursprüngliche Weichheit und Geschmeidigkeit
wieder. Es ist nicht schweißbar und zu Gußwaren ungeeignet,
da es blasige Güsse liefert. Kupfer findet im Maschinenbau in
solchen Fällen Anwendung, wo bedeutende Formänderungen zu-
lässig sein müssen, sei es bei der Verarbeitung oder im nachherigen
Betriebe (Feuerbüchsen, Federrohre). Seine Festigkeit, die im
kalten Zustande 2000 kg pro qcm beträgt, nimmt bei steigender
Temperatur stetig ab.

Auch die Legierungen des Kupfers mit Zink, Zinn und Aluminium sind von großer technischer Bedeutung. Messing besteht aus etwa 70% Kupfer und 30% Zink. Der besseren Bearbeitbarkeit wegen setzt man kleine Mengen Zinn und Blei zu. Rotguß ist ein Messing mit 8—18% Zink.

Bronzen sind Legierungen von Kupfer und Zinn. Sie sind härter und leichter schmelzbar als Kupfer, aber weniger dehnbar. Maschinenbronze enthält 8—18% Zinn.

Aus Messing werden hauptsächlich Blech- und Drahtwaren, aus Bronze Gußstücke hergestellt. Beim Gießen der Bronze oxydiert sich etwas Zinn zu Zinnoxyd, welches beim Erstarren in der Bronze Nester bildet, die die Festigkeit und Zähigkeit der Bronze herabsetzen. Durch einen Zusatz von $^1/_2$—1% Phosphorkupfer wird dem Zinn der Sauerstoff entzogen und ein Phosphat gebildet, das als Schlacke beseitigt werden kann. Die so gereinigte Bronze heißt Phosphorbronze. In ähnlicher Weise läßt sich auch durch Silizium, Mangan und Aluminium die Bronze reinigen. So erhält man die Silizium-, Mangan- und Aluminiumbronze.

Zink. Die wichtigsten Zinkerze sind Zinkblende (ZnS) und Galmei ($ZnCO_3$). Ist der Galmei durch Ton verunreinigt, so heißt er weißer Galmei, ist er eisen- und manganhaltig, so hat er eine rote Farbe und wird roter Galmei genannt. Die Zinkerze sind sehr weit verbreitet; sie kommen im Rheinland, in Westfalen, Schlesien, Kärnten, Belgien, England und Nordamerika vor.

Die Verhüttung der Zinkerze geschieht in der Weise, daß sie zunächst durch Rösten in Zinkoxyd (ZnO) übergeführt werden, welches alsdann durch Kohle reduziert wird. Da aber die Reduktionstemperatur bei 1100° liegt, während das Zink schon bei 930° verdampft, so erhält man das Zink nicht flüssig, wie die meisten anderen Metalle, sondern in Form von Dämpfen, deren Kondensation sehr schwierig und mit großen Metallverlusten verknüpft ist.

Die Röstung der Zinkblende zu möglichst schwefelfreiem Oxyd erfolgt im Hasenkleverschen Röstofen (Fig. 72—73), nach der Formel

$$ZnS + 3\,O = ZnO + SO_2.$$

Die dabei entweichende schweflige Säure wird in Bleikammern zu Schwefelsäure verarbeitet.

Der Röstofen hat drei übereinander angeordnete und mit seitlichen Arbeitstüren versehene Muffeln, welche von Heizkanälen umgeben sind. Von einem Fülltrichter aus wird die oberste Muffel mit Zinkerz beschickt, das mit Hilfe eiserner Stangen auf der Sohle ausgebreitet und alsdann in die darunter befindlichen

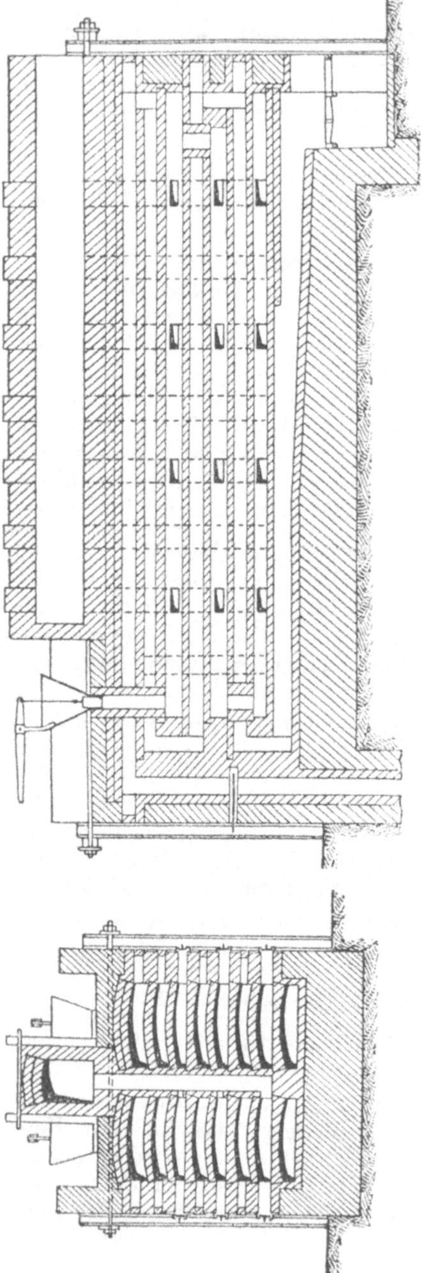

Fig. 72—73. Hasenklevers Röstofen.

Muffeln geschafft wird. Das völlig abgeröstete Erz wird schließlich aus der letzten Arbeitstür in eiserne Wagen ausgezogen.

Auch Galmei wird geröstet, um Wasser und Kohlensäure auszutreiben, welche, wenn sie erst in der Muffel entweichen würden, die ruhige Destillation durch Herabdrücken der Temperatur beeinträchtigen könnten. Das Brennen des Galmeis (Kalzinieren) geschieht entweder in Schachtöfen oder in Flammöfen

$$ZnCO_3 = ZnO + CO_2.$$

Die Destillation des Zinkoxydes muß, wie bereits erwähnt, in geschlossenen Gefäßen, den sog. Muffeln erfolgen. Diese haben in Schlesien eine kofferförmige Gestalt, während sie im Rheinland und in Belgien mehr röhrenförmig ausgebildet sind (Fig. 74—76). Sie werden aus feuerfestem Ton und Schamotte in Muffelpressen hergestellt, dann einige Monate langsam bei 40⁰ getrocknet und schließlich in der Rotglut scharf gebrannt.

Die Reduktion des Zinkoxydes erfolgt in den Zinkdestillieröfen, welche in Schlesien, Rheinland und Belgien nach besonderen Systemen ausgeführt werden und gewöhnlich mit einer Rekuperativ- oder Generatorgasfeuerung versehen sind (Fig. 77). Die Beschickung der Muffeln besteht aus einem Gemisch von Zinkoxyd mit Kohlenklein (Zinder), das mittelst löffelartiger Schaufeln in die heißen Muffeln eingebracht wird. Dann wird die sog. Vorlage, das ist ein bauchiges Tonrohr in die vordere Muffelöffnung eingesetzt und die Fuge gut mit Lehm gedichtet. Nach einiger Zeit tritt Kohlenoxydgas aus der vorderen Öffnung der Vorlage aus und es erscheint eine grünlich-weiße Zinkflamme. Alsdann verschließt man die Vorlage durch eine aufgesteckte Blechtüte (Allonge). Die in diese gelangenden Zinkdämpfe werden hier schnell kondensiert und als Zinkstaub niedergeschlagen, während sie in der Vorlage eine langsamere Abkühlung erfahren, so daß sich daselbst flüssiges Zink ansammelt. Dieses wird aus der Vorlage in eine Gießkelle gekratzt und dann zu Platten gegossen.

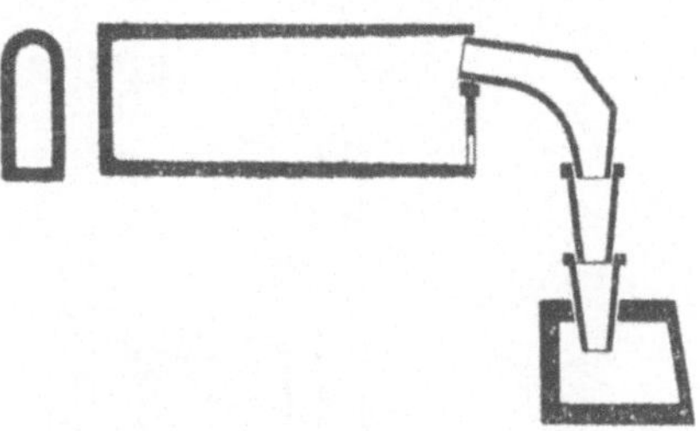

Fig. 74. Schlesische Muffel.

Fig. 75. Rheinische Muffel.

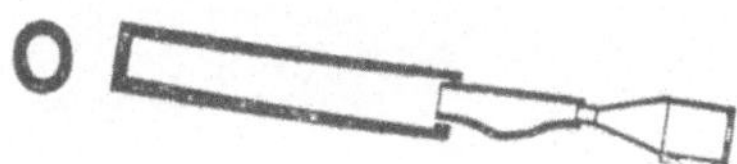

Fig. 76. Belgische Muffel.

Das so gewonnene Roh- oder Werkzink ist aber noch durch Arsen, Antimon, Blei, Kupfer, Silber und Eisen verunreinigt und muß daher raffiniert werden. Dies geschieht durch Umschmelzen in einem Flammofen. Dabei sinken Blei und Eisen mit etwas Zink legiert zu Boden und bilden dort das sog. Hartzink, während das reine Zink darüber steht. Die anderen fremden Metalle gehen als Oxyde an die Oberfläche des Bades. Nachdem dieses Gekrätz entfernt ist, schöpft man das flüssige Zink mittelst eiserner Kellen ab und gießt es in eiserne Formen.

Der Zinkhüttenprozeß ist der unvollkommenste aller Hüttenprozesse, da wegen Verflüchtigung der Zinkdämpfe 10—20% vom Zinkgehalt der Erze bei der Verhüttung verloren gehen.

Zink ist bläulich-weiß und metallglänzend. Es schmilzt sehr leicht bei 412° und läßt sich gut in Formen gießen (Zinkguß). Beim Erwärmen auf 100—150° wird es dehnbar und läßt sich zu Blech auswalzen und zu Draht ziehen. Über 150° erhitzt, verringert sich seine Geschmeidigkeit wieder und bei etwa 200° wird es ganz spröde. Ein Bleigehalt von 0,5% macht es geschmeidiger, weshalb man dem zur Blechfabrikation dienenden Zink bisweilen einen geringen Bleizusatz gibt. An der Luft überzieht es sich mit einer Zinkoxydschicht, die den Kern gegen eine weitere Zerstörung schützt. Man verwendet es als Abdeckungsmaterial im Baugewerbe und zur Herstellung von Blechgerätschaften (Klempnerwaren). Um Eisen vor Rost zu schützen, wird dasselbe mit Zink überzogen. Man spricht dann von galvanisiertem Eisen, auch

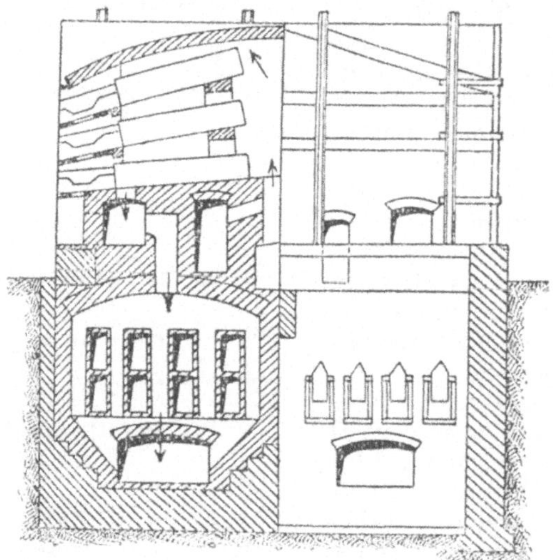

Fig. 77. Muffelofen mit Rekuperativfeuerung.

wenn der Überzug ohne Zuhilfenahme des elektrischen Stromes hergestellt worden ist. Das Verzinken von Eisenteilen kann durch Eintauchen in geschmolzenes Metall, ferner auf elektrischem Wege oder mittelst der Spritzverzinkung von Schoop erfolgen. Auch auf trockenem Wege können Eisenteile durch Erhitzen in Zinkstaub bei einer Temperatur von 300° (Scherardisieren) mit einem Zinküberzug versehen werden. Ein großer Teil Zink wird für die Messingfabrikation, das Oxyd ZnO (Zinkweiß) aber als Malerfarbe verwendet. Zinkstaub dient als graue Anstrichfarbe für Eisenteile.

Das Verzinken von Eisenteilen. Bei der Feuerverzinkung werden die von Oxyd und Fett befreiten Gegenstände, z. B. Eisenblechtafeln, in ein Bad aus geschmolzenem Zink getaucht. Die

Entfernung der Oxydschicht erfolgt durch Beizen mit starker Salzsäure; damit aber das Blech sich beim Eintauchen nicht von neuem oxydiert, bedeckt man das geschmolzene Zink mit einer etwa 5 cm dicken Schicht aus Salmiak und Chlorzink. Fig. 78 zeigt ein Zinkbad in einer eisernen Wanne. Diese ist oben der Länge nach durch eine Leiste geteilt, welche die auf der rechten Hälfte des Bades schwimmende Chlorzinkschicht von der linken Hälfte des Bades fernhält. Das frischgebeizte Blech wird rechts in das Bad eingesenkt und links wieder herausgezogen.

Die elektrolytische Verzinkung wird in hölzernen, mit Bleiblech ausgeschlagenen Trögen vorgenommen. Ein für das Verzinken von Blechen geeignetes Bad erhält man, indem man in 1 cbm Wasser 200 kg Zinksulfat auflöst und mit 1 kg Schwefelsäure ansäuert. In dem Bade sind als Anoden dicke Zinkplatten angeordnet, zwischen denen die zu verzinkenden Eisenbleche als Kathoden stehen. Die letzteren müssen zuvor durch Beizen mit Schwefel- und Salzsäure gereinigt und mit Wasser gut abgespült sein. Die Stromdichte beträgt 150 Ampere auf 1 qm, die Badspannung etwa 1 Volt.

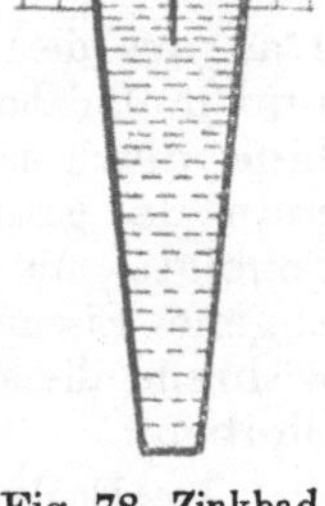

Fig. 78. Zinkbad.

Bei der Spritzverzinkung von Schoop wird geschmolzenes Zink durch einen unter hohem Druck (8 at) ausströmenden Gasstrahl verstäubt gegen die zu verzinkende Fläche geblasen. Dies geschieht mittelst einer Spritzpistole (Metallisator), in welcher ein Zinkdraht in einer Düse durch ein Knallgasgebläse geschmolzen wird, worauf das geschmolzene Zink durch die Preßluft gegen den zu verzinkenden Gegenstand gespritzt wird.

Beim Scherardisieren oder Trockenverzinken werden die eisernen Gegenstände, die man zuvor durch Abblasen mit Sand und durch Beize gereinigt hat, zusammen mit Zinkstaub und Sand in einer eisernen Trommel bei etwa 300° C eine Stunde lang erhitzt. Bei dieser Temperatur verdampft das fein verteilte Zink und legiert sich mit dem Eisen.

Zinn. Zinn kommt in der Natur als Zinnstein SnO_2 vor, und zwar als Bergzinn in Granit oder Porphyr, oder als Waschzinn in den sog. Zinnseifen. Bergzinn ist meistens durch Arsenkiese, Zinkblenden usw. stark verunreinigt. Die wichtigsten Fundorte für Bergzinn sind das böhmisch-sächsische Erzgebirge und England, für Zinnsand: Malacka und die Inseln Bangka und Billiton.

Die Zinngewinnung aus seinen Erzen beruht auf einem reduzierenden Schmelzen, wobei die Gangarten und Verunreinigungen verschlackt werden.

Ehe man aber zur eigentlichen Verhüttung schreitet, werden die Erze einer Aufbereitung unterworfen, um sowohl die Gangarten und schädlichen Metalle zu entfernen als auch eine Anreicherung der Erze zu erzielen. Zu diesem Zweck werden die Erze erst mürbe gebrannt, dann gepocht und gewaschen. Die so vorbereiteten Erze werden nun im Flammofen geröstet, wobei Arsen, Antimon und Schwefel verflüchtigen. Dann werden die Erze zur Entfernung von Sulfaten nochmals gewaschen, worauf das Kupfer durch Behandeln mit Salzsäure in Holzbottichen entfernt wird. Der so gewonnene Erzschlich mit etwa 60% Zinn wird in Schacht- oder Flammöfen mittelst Kohle auf Metall reduzierend verschmolzen.

$$SnO_2 + 2\,C = Sn + 2\,CO.$$

Das aus dem Ofen abgelassene Werkzinn ist aber sehr unrein und muß daher noch raffiniert werden. Dies geschieht in Deutschland durch das sog. Pauschen. Bei diesem Arbeitsverfahren läßt man das geschmolzene Zinn aus einer gewissen Höhe auf eine geneigte, mit glühender Holzkohle bedeckte und mit Lehm überzogene Eisenplatte herabtropfen. Reines Zinn fließt dabei ab, während die strengflüssigen Legierungen als Seigerdörner zurückbleiben.

In England wird das Werkzinn durch Seigern und Polen raffiniert. Man erhitzt es zu diesem Zwecke ganz wenig über seinen Schmelzpunkt, wobei das reine Zinn ausfließt, während die schwerer schmelzbaren Zinnlegierungen als sog. Härtlinge zurückbleiben. An das Seigern schließt sich das Polen an, das in großen eisernen Läuterbottichen ausgeführt wird, in denen man das Zinn niederschmilzt, worauf man das Bad mit frischen Holzstangen umrührt. Durch die dabei entstehenden Wasserdämpfe wird das Bad kräftig durchgemischt, wobei sich die Verunreinigungen oxydieren und an die Oberfläche gehen, wo sie durch Abschöpfen entfernt werden. Das zurückbleibende reine Zinn wird schließlich in eisernen Formen zu Blöcken gegossen.

Zinn ist weich und geschmeidig, sehr dehnbar und kann zu dünnen Blättern (Stanniol) ausgewalzt werden. Wegen seiner Widerstandsfähigkeit gegenüber chemischen Einflüssen und weil es nicht giftig ist, wird Zinn für die Herstellung von Eß-, Trink- und Küchengeräten verwendet. Es schmilzt bei 230° und ist leicht gießbar. Zur Herstellung von Gußwaren wird es mit Blei legiert, welches die Härte und Gießbarkeit des Metalles erhöht, aber seine Widerstandsfähigkeit gegen chemische Einflüsse verringert.

Es dürfen daher Zinn-Bleilegierungen, die zur Herstellung von Geschirren dienen, wegen der Gesundheitsgefährlichkeit des Bleis nicht mehr als $10^0/_0$ von letzterem enthalten. Eine Legierung von 1 Teil Zinn und 1 Teil Blei schmilzt schon bei 120^0 und wird als Weichlot gebraucht. Zu den wichtigsten Zinnlegierungen gehören: 1. die Bronzen, das sind in der Hauptsache Legierungen von Kupfer und Zinn, 2. die Weißmetalle, das sind Legierungen von Zinn, Antimon und Kupfer.

Da Zinn gegen Luft und Feuchtigkeit sehr widerstandsfähig ist, so überzieht man mit Zinn Kupfer und Eisen, die sich an der Luft leicht oxydieren. Verzinnte Eisenbleche heißen Weißbleche. Um diese herzustellen werden Schwarzbleche in Schwefelsäure bei 50—60^0 gebeizt, dann gewaschen, getrocknet, in Kästen geglüht und sortiert. Hierauf wird das Blech zur Erzielung glatter Oberflächen zwischen Walzen dressiert, nochmals gebeizt und schließlich durch eine Schicht Chlorzink hindurch in ein Zinnbad eingetaucht. Weißbleche werden zur Herstellung von Konservenbüchsen und Klempnerwaren verwendet.

Blei. Für die Gewinnung des Bleies kommt hauptsächlich der Bleiglanz PbS mit $86,5^0/_0$ Blei in Betracht. Derselbe ist sehr weit verbreitet; er findet sich in Deutschland im Erzgebirge, im Harz, in Schlesien, Hessen, Westfalen und in der Rheinprovinz, und zwar stets in Begleitung von Kupfer-, Arsen-, Antimon-, Silber-, Gold-, Zink- und Eisenerzen. Der Silbergehalt beträgt meistens nur $0,01$—$0,2^0/_0$.

Die wichtigsten Bleigewinnungsverfahren sind:

1. das Röst-Reduktionsverfahren
2. das Röst-Reaktionsverfahren,
3. das Niederschlagsverfahren.

Das Röstreduktionsverfahren zerfällt in zwei ganz getrennte Operationen: a) das Rösten der Erze, b) die Reduktion des gerösteten Materiales durch Verschmelzen desselben mit Koks und Zuschlägen im Schachtofen. Das Rösten hat den Zweck, möglichst alles Blei in Oxyd überzuführen, während sich Arsen und Antimon zum größten Teil verflüchtigen. Die Röstung wird in sog. Fortschaufelungsöfen vorgenommen, die auf jeder Seite zahlreiche Arbeitstüren besitzen. Das Erz wird hinten aufgegeben, allmählich nach vorn fortbewegt und in der Nähe der Feuerbrücke in einem Sumpfe zum Schmelzen gebracht und seitlich ausgezogen. Diese Röstarbeit ist aber teuer und mit großen Silber- und Bleiverlusten verbunden. Es ist daher vorteilhafter, das Rösten des Bleiglanzes mit Hilfe eines Verblaseverfahrens auszuführen. Das verbreitetste Verblaseverfahren ist das Huntington-Heberlein-Verfahren. Bei diesem wird das Erz mit gemahlenem Kalkstein in Mischapparaten gemischt und einem Röstofen für die Vorröstung, einem sog. Tellerofen, zugeführt. Dieser Ofen ist ein runder Flammofen und besitzt einen um seine Achse drehbaren tellerförmigen Herd, dessen Antrieb von einem Motor aus durch Zahnräder erfolgt. Das ungefähr auf die Mitte des Herdes durch einen Trichter aufgegebene Beschickungsmaterial wird nun von da aus, während der Herd rotiert, allmählich durch feststehende, schräggestellte Schaufeln nach außen geschoben und am Rande des Herdes durch eingelegte Flacheisen ausgetragen. Man röstet das Bleierz bei etwa 700⁰ so weit ab, daß noch etwas Schwefel im Gemisch bleibt.

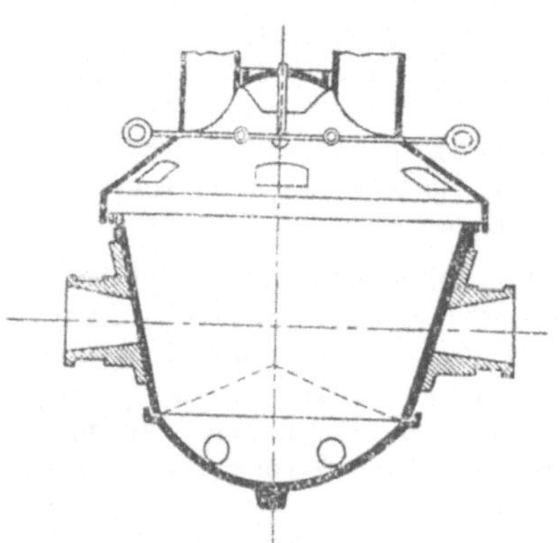

Fig. 79. Huntington-Heberlein-
Röst-Konverter.

Dann läßt man das Gemisch auf 450⁰ abkühlen und bringt es bei dieser Temperatur in den Konverter (Fig. 79). Dieser besteht aus einem gußeisernen konischen Topf mit halbkugeligem Boden, in welchem sich Öffnungen zum Eintritt der Preßluft befinden. Darüber befindet sich ein dachförmiger Siebboden, auf den die Erzmasse zu liegen kommt. Bedeckt ist der Konverter mit einem abnehmbaren Deckel, der die Abzugsrohre für die Röstgase besitzt.

Das Verblaseverfahren besteht darin, daß man so lange Preßluft durch das vorgeröstete Gemisch von Bleiglanz und Kalk hindurchbläst, bis die Masse unter Austritt reichlicher Mengen Schwefeldioxyd in einen teigigen Zustand übergeht

$$PbS + 3\,O = PbO + SO_2,$$

Dann kippt man den um zwei Zapfen drehbaren Konverter um und entleert ihn. Das Röstgut hat nun eine poröse Beschaffenheit und ist dadurch für die nachfolgende Reduktion des Bleioxydes im Schachtofen vorzüglich geeignet.

Ein viel verwendeter Bleischachtofen ist der Wassermantelofen (Fig. 80). Dieser hat einen rechteckigen Grundriß. Der eigentliche Tiegel des Ofens ist gemauert und mit Stahlplatten gepanzert. Von seinem tiefsten Punkte führt ein Bleiheber nach außen. Dieser ist immer mit Blei gefüllt, das in dem Maße in dem Heber aufsteigt, wie es im Tiegel erzeugt wird. Der Schlackenstich liegt etwas höher in einem wassergekühlten **Kasten**. Zwischen dem gemauerten **Unterteile** und dem Schacht ist der sog. Wassermantel eingebaut. Dieser besteht aus einer Anzahl schmiedeeiserner Kästen, die durch fließendes Wasser gekühlt werden. Durch den Mantel gehen mehrere Düsen, durch welche die Preßluft in den Ofen geblasen wird. An den Wassermantel schließt sich der Schacht an. Dieser ruht auf einem eisernen Kranz, der von vier Säulen getragen wird.

Die Reduktion des gerösteten Erzes erfolgt im Schachtofen mit Koks. $PbO + CO = Pb + CO_2$. Dabei wird Bleioxyd durch das Kohlenoxyd zu metallischem Blei reduziert, Eisen- und Manganoxyde gehen in die Schlacke, vorhandenes Kupfer bildet mit Schwefeleisen und Blei einen Stein (Bleistein), während Arsen und Antimon mit Nickel und Kobalt eine Speise geben. Beim Abstich in einen Herd sondert sich unten Blei, in der Mitte Speise und oben Stein ab. Ist der Stein erstarrt, so wird er als Scheibe abgehoben und auf Blei und Kupfer weiter verarbeitet. Das flüssige Blei wird dann in Formen gegossen und liefert das sog. Werkblei, das noch durch Kupfer, Arsen, Antimon, Zink und Silber verunreinigt ist und daher raffiniert werden muß.

Die Trennung des Silbers vom Blei erfolgt durch den sog. Treibprozeß, bei dem das Blei durch Aufblasen von Wind zu Bleioxyd oxydiert wird, während das Silber unoxydiert zurückbleibt.

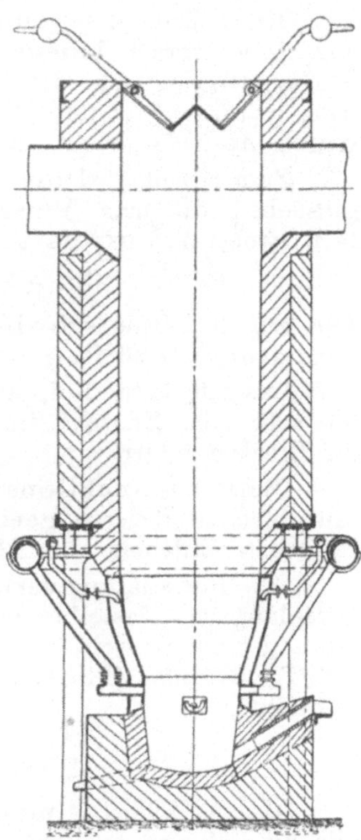

Fig. 80. Wassermantelofen.

Wirtschaftlicher als der Treibprozeß ist die Zinkentsilberung. Dieses Verfahren beruht auf der Beobachtung, daß beim ruhigen Stehenlassen einer flüssigen Zinkbleilegierung sich beide Metalle in zwei Schichten abscheiden. Da Silber leichter in Zink als in Blei löslich ist, so wird fast alles Silber aus dem Blei in das Zink übergeführt. Der silberhaltige Zinkschaum wird darauf vom Bade abgeschöpft, und das Zink durch Abdestillieren beseitigt.

Der Kupfergehalt des Werkbleies läßt sich fast vollständig durch einen Seigerprozeß entfernen. Dieser beruht darauf, daß man das Blei bei niederer Temperatur auf der geneigten Herdsohle eines Flammofens einschmilzt. Dabei fließt kupferfreies Blei in einen Sumpf, während auf dem Herde die sog. Seigerdörner zurückbleiben, die hauptsächlich aus einer strengflüssigen Legierung von Kupfer und Blei bestehen.

Eisen, Zinn, Arsen und Antimon entfernt man durch einen Oxydationsprozeß, indem man auf das Bleibad Luft aufbläst. Dabei scheiden sich die Verunreinigungen, welche leichter als Blei oxydieren, auf der Oberfläche des Bleibades ab, von wo sie durch Abstreifen leicht entfernt werden können.

Zum Schluß wird der Zinkgehalt aus dem Blei dadurch ausgetrieben, daß man Wasserdampf durch das Bleibad strömen läßt, wobei Zink oxydiert wird.

$$Zn + H_2O = ZnO + H_2.$$

Die auf dem Bade schwimmende rötliche Masse von Zinkoxyd wird dann abgeschöpft, geschlämmt und als Anstrichfarbe verkauft.

Das raffinierte Blei, auch Weich- oder Handelsblei genannt, ist sehr rein. Es wird in eiserne Formen gegossen, in denen es zu Blöcken erstarrt.

Dieses Röstreduktionsverfahren ist für alle, selbst unreine und bleiarme Bleierze geeignet und daher das am meisten verbreitetste Verfahren zur Bleigewinnung.

Das Röstreaktionsverfahren eignet sich nur für sehr reine Bleiglanzerze. Dasselbe besteht darin, daß man den Bleiglanz zunächst nur so weit abröstet, daß ein Gemenge von Bleioxyd (PbO), Bleisulfat ($PbSO_4$) und unzersetztem Schwefelblei (PbS) entsteht.

$$PbS + 3\ O = PbO + SO_2$$
$$PbS + 2\ O_2 = PbSO_4.$$

Alsdann schließt man die Zuströmungsöffnungen für die frische Luft und erzeugt durch verstärkte Feuerung eine reduzierende Flamme, welche die Masse zum Schmelzen bringt. In dieser Schmelzperiode wirken die oxydierten Verbindungen auf den unzersetzten Bleiglanz so ein, daß metallisches Blei und schweflige Säure entstehen.

$$PbS + 2\ PbO = 3\ Pb + SO_2$$
$$PbS + PbSO_4 = 2\ Pb + 2\ SO_2.$$

Auch die Niederschlagsarbeit erfordert möglichst reine Erze. Sie beruht auf der Eigenschaft des Eisens dem Schwefelblei beim

Schmelzen seinen Schwefel zu entziehen, so daß metallisches Blei
zurückbleibt.

$$PbS + Fe = FeS + Pb.$$

Blei ist weich, geschmeidig und legiert sich leicht mit Zinn,
Wismut, Arsen und Antimon. Legierungen von Blei und Antimon
heißen Hartblei. Eine Legierung von Hartblei und Zinn dient als
Lagermetall, eine solche mit Zinn und Kupfer als Letternmetall
Eine Legierung von Blei mit Zinn schmilzt schon bei 189⁰; sie
wird als Weichlot verwendet. Von reinem Wasser wird Blei ange-
griffen; von Leitungswasser, das meist Kalk enthält, jedoch nicht.
Salzsäure und Schwefelsäure greifen Blei nur wenig, Salpetersäure stark an. Wegen seiner Biegsamkeit und Beständigkeit
gegenüber chemischen Einflüssen wird es zu Wasser- und Säure-
leitungsrohren, sowie zu Kabelmänteln verwendet. In der Elektro-
technik benutzt man Bleidrähte für elektrische Sicherungen,
Bleiplatten für Akkumulatoren. Der größte Teil des Bleies wird
aber zur Herstellung von Bleiverbindungen verwendet, von denen
die Mennige Pb_3O_4 als rote Farbe und als Dichtungsmittel wichtig ist.

Aluminium. Das Aluminium ist in seinen Verbindungen
wohl das verbreitetste Metall auf der Erdoberfläche; denn Lehm,
Ton, Mergel, Feldspat und Glimmer
enthalten Aluminium in größerer Menge.
Indessen würde die Herstellung des
Aluminiums aus diesen stark verun-
reinigten Mineralien sehr teuer sein.
Aus wirtschaftlichen Gründen kommen
daher als Ausgangsmineralien nur Bauxit,
das ist ein wasserhaltiges Aluminiumoxyd ($Al_2O_3 + 2\,H_2O$) und Kryolith,
eine Aluminium-Natrium-Fluorverbin-
dung ($AlF_3 + 3\,NaF$), in Betracht.

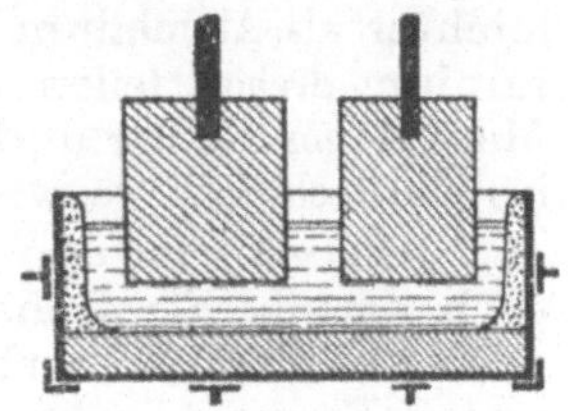

Fig. 81. Aluminiumofen.

Bauxit findet sich bei Baux in Frankreich, Kryolith in Süd-
Grönland.

Aluminium wird durch Elektrolyse gewonnen. Der elektrische
Ofen (Fig. 81) besteht aus einem rechteckigen, mit einem Eisen-
mantel umgebenen Kohletiegel, der als Kathode dient, während
als Anode starke Kohlestäbe in das Bad eintauchen. Zwischen
den Polen erzeugt man zuerst einen Lichtbogen und schmilzt
dann Kryolith ein. In der Schmelze lösen sich mit Leichtigkeit
20⁰/₀ Aluminiumoxyd auf, welches nun auf dem Wege der Elektrolyse in Aluminium und Sauerstoff zerlegt wird. Das Aluminium
sammelt sich im Kohletiegel, während der Sauerstoff an der
Kohlenanode als Kohlenoxyd entweicht. Von Zeit zu Zeit wird

das Aluminium mit einem eisernen Löffel ausgeschöpft und in eiserne Formen gegossen, worauf Tonerde nachgefüllt wird.

Aluminiumwerke sind in Rheinfelden und Neuhausen am Rheinfall, am Niagarrafall, sowie in Norwegen und Italien errichtet worden, wo billige Wasserkräfte zur Erzeugung des elektrischen Stromes zur Verfügung stehen.

Aluminium ist ein silberweißes Metall. Es ist ausgezeichnet durch sein geringes spezifisches Gewicht, das im gegossenen Zustande 2,64 beträgt. Seine Festigkeit beträgt 10 kg/qmm bei 3% Dehnung; seine Härte liegt zwischen derjenigen von Zink und Zinn. Aluminium ist schmiedbar, streckbar, hämmerbar. Es läßt sich zu den dünnsten Drähten ausziehen und zu dünnen Folien auswalzen. Aluminium eignet sich besonders gut zur Herstellung von Güssen, da es die feinsten Formen scharf ausfüllt. Es ist widerstandsfähig gegen organische Säuren und Salpetersäure, dagegen leicht löslich in Salzsäure und Ätzalkalien.

Maschinentechnisch wird Aluminium in Form verschiedener Legierungen verwendet: Aluminiumbronze ist eine Bronze mit 5—8% Al, die große Festigkeit und Härte besitzt. Sie ist leicht zu bearbeiten und findet im Schiffbau mannigfache Anwendung. Magnalium ist eine Aluminium-Magnesiumlegierung, die noch leichter als Aluminium ist und sich zum Unterschiede vom Aluminium drehen, feilen und polieren läßt. Duraluminium enthält Magnesium, Kupfer und Mangan; es läßt sich schmieden und wird im Luftschiffbau verwendet.

Aber auch für den Hüttenmann ist Aluminium wichtig, denn es besitzt die Eigenschaft, sich bei höherer Temperatur energisch mit Sauerstoff zu verbinden und letzteren vielen Metalloxyden unter Erzeugung sehr hoher Temperaturen zu entziehen. Setzt man dem Flußeisen 0,02—0,05% Aluminium in die Gießpfanne zu, so reduziert es das gelöste Eisenoxydul und macht den Guß dicht, gas- und oxydfrei. Bei dem aluminothermischen Schweißverfahren wird zur Erhitzung der zu verschweißenden Eisenteile Thermit verwendet, ein Pulver, das aus einem Gewichtsteil Aluminium und drei Teilen Eisenoxyd besteht. Wird diese Masse entzündet, so wird das Eisenoxyd in metallisches Eisen und Sauerstoff zerlegt. Dieser verbindet sich mit Aluminium zu Al_2O_3, wobei so viel Wärme erzeugt wird, daß die Eisenteile auf Schweißhitze gebracht werden.

Nickel. Das Hauptmaterial für die Nickelgewinnung bildet der Garnierit, auch Pimelit genannt, ein wasserhaltiges Nickel-Magnesiumsilikat, welches in Neukaledonien und bei Frankenstein in Schlesien vorkommt. Wichtig sind auch die nickelhaltigen

Magnetkiese, welche in Kanada vorkommen. Diese enthalten bis zu 11 % Nickel, ferner Eisen, Schwefel, etwas Kupfer und Arsen. Dann gibt es noch Arsen- und Antimonverbindungen des Nickels.

Da die Nickelerze nur einen geringen Nickelgehalt, dagegen große Mengen Gangarten besitzen, so ist man gezwungen, bei der Verhüttung der Nickelerze erst Anreicherungsarbeiten, wie beim Kupfer vorzunehmen.

Die Verhüttung des Garnierits beruht darauf, die große Verwandtschaft von Nickel zum Schwefel auszunutzen, das Nickel auf diese Weise in die Form von Nickelstein überzuführen und anzureichern und gleichzeitig die Gangarten zu beseitigen. Da der Garnierit keinen Schwefel enthält, so gibt man einen Zuschlag von Gips oder Soda, der sich mit Kohle zu Schwefelkalzium reduziert.

Auch die sulfidischen, arsen- und antimonhaltigen Erze werden zunächst zur Entfernung fremder Bestandteile und zur Anreicherung des Nickels auf einen sog. Stein (schwefelhaltig) oder eine sog. Speise (arsenhaltig) verschmolzen. Stein und Speise werden darauf durch wiederholtes Abrösten und Verschmelzen mit passenden Zuschlägen angereichert. Dann stellt man die Nickel-Sauerstoffverbindung aus ihnen her, welche, mit Kohle reduziert, Rohnickel liefert. Dieses wird schließlich noch auf trockenem Wege oder durch Elektrolyse raffiniert.

Nickel ist ein weißes Metall und hat das spezifische Gewicht 8,3—8,9. Es ist außerordentlich hart, dehnbar und hämmerbar und läßt sich zu Draht und Blech verarbeiten. Seine Festigkeit (60 kg/qmm) erreicht diejenige von Stahl. In weißglühendem Zustande lassen sich Nickel und Eisen zusammenschweißen. Nickelplattiertes Eisenblech läßt sich sogar, ohne daß eine Trennung zwischen den Metallen erfolgt, bis auf die dünnsten Sorten auswalzen. Das meiste Nickel findet aber zur Herstellung von Legierungen Verwendung, besonders mit Stahl, Kupfer, Zink und Aluminium. Da Nickel sehr widerstandsfähig gegen die Einflüsse der Witterung ist, dient es vielfach als glänzender Überzug, um Eisen, Stahl usw. vor Rost zu schützen. Die galvanische Vernickelung erfolgt in einem Bade von Nickelammonsulfat, in welches man reines Nickel als Anode und den zu überziehenden Gegenstand als Kathode einhängt.

Literatur.

Werke.

Akad. Verein Hütte, Taschenbuch für Eisenhüttenleute.
H. Wedding, Das Eisenhüttenwesen. Leipzig 1904.
Ledebur, Handbuch der Eisenhüttenkunde. Leipzig 1899.
Dr. Miethe, Die Technik im XX. Jahrhundert. Braunschweig 1912.

Quellenangaben zu einigen Figuren.

Geilenkirchen, Th., Grundzüge des Eisenhüttenwesens. Fig. 1, 2, 6—8,
    10, 38, 39, 70—71.
Stillich und Steudel, Eisenhütte Leipzig. Fig. 13, 15.
Dubbel, Taschenbuch für den Maschinenbau. Berlin. Fig. 3—4, 69.
Geiger, Eisen- und Stahlgießerei. Berlin. Fig. 48—49, 54—55.
Zeitschrift des Vereins Deutscher Ingenieure. Berlin. Fig. 22, 41—45,
    62—67.
Neumann, B., Lehrbuch der chemischen Technologie und Metallurgie.
    Leipzig. Fig. 27, 77, 79.
Borchers, W., Hüttenwesen. Halle 1908. Fig. 72—77.